新/农/村/书/屋>畜/禽/养/殖/技/术

鸽病诊治关键技术一点通

蔺祥清　李　存　林冬梅　著

河北出版传媒集团
河北科学技术出版社

图书在版编目（CIP）数据

鸽病诊治关键技术一点通 / 蔺祥清，李存，林冬梅著. -- 石家庄：河北科学技术出版社，2017.4（2018.7 重印）
ISBN 978-7-5375-8280-3

Ⅰ. ①鸽… Ⅱ. ①蔺… ②李… ③林… Ⅲ. ①鸽病－诊疗 Ⅳ. ① S858.39

中国版本图书馆 CIP 数据核字 (2017) 第 030781 号

鸽病诊治关键技术一点通
蔺祥清　李　存　林冬梅　著

出版发行： 河北出版传媒集团　河北科学技术出版社
地　　址： 石家庄市友谊北大街 330 号（邮编：050061）
印　　刷： 天津一宸印刷有限公司
开　　本： 710mm×1000mm　1/16
印　　张： 9.75
字　　数： 125 千字
版　　次： 2017 年 7 月第 1 版
印　　次： 2018 年 7 月第 2 次印刷
定　　价： 32.80 元

如发现印、装质量问题，影响阅读，请与印刷厂联系调换。
厂址：天津市子牙循环经济产业园区八号路 4 号 A 区
电话：（022）28859861　邮编：301605

前 言 /Catalogue

近年来，鸽子的养殖数量逐渐增多，鸽病也随之多起来，尤其近年来随着大型养禽场的增多，禽病越来越多和复杂，而且这些禽病多数都能使鸽子发病。为了养好鸽子，有效防治鸽病，我们编写了《鸽病诊治关键技术一点通》一书。

本书介绍的鸽病共86种，编者将每一种鸽病诊治的关键技术在显要位置单独列出，使读者在翻看本书时一目了然，因此本书更具针对性和实用性。从事养鸽或鸽病防治的人员如按照本书介绍的思路做诊治，简洁明了，一般不会误诊误治。

本书的作者均是高校兽医系的教授、副教授等，拥有很好的实验研究条件和手段，和一些大型的养鸽场有着技术依托关系，并常到兽医门诊进行疫情调查，所以本书具有理论和生产实际紧密结合、与国内外最新研究成果紧密结合的特点，具有一看就懂、一学就会、方便实用的特点。本书作为鸽病诊治的参考书，尤其适合各养鸽场或养鸽爱好者、基层兽医工作人员以及大中专学生阅读。

由于水平所限，书中难免有疏漏和不妥之处，敬请同行、读者朋友提出宝贵意见。

编　者

2016年1月

目 录/Catalogue

一、鸽病防治的关键技术措施……1

预防鸽病的关键技术……1

诊断鸽病的关键技术……5

治疗鸽病的关键技术……20

二、鸽病毒性疾病……24

鸽新城疫……24

鸽痘……26

禽流感……29

马立克氏病……31

禽白血病……33

鸽的疱疹病毒感染……35

禽脑脊髓炎……36

三、鸽细菌性疾病……39

鸽霍乱……39

鸽白痢……42

副伤寒……45

鸽大肠杆菌病……47

鸽霉形体病……50

鸽鸟疫……52

葡萄球菌病……54
链球菌病……55
鸽丹毒……57
溃疡性肠炎……59
坏死性肠炎……60
鸽结核病……62
疏螺旋体病……63
肉毒梭菌中毒……65
鸽念珠菌病……67
鸽曲霉菌病……69
鸽传染性鼻炎……71
鸽坏死性皮炎……73

四、鸽寄生虫病……75

球虫病……75
鸽疟疾……77
弓形体病……78
毛滴虫病……79
蛔虫病……81
毛细线虫病……83
胃线虫病……84
绦虫病……85
气管比翼线虫病……87
棘口吸虫病……88
前殖吸虫病……89
鸽羽虱病……90
鸽软蜱病……91

五、鸽常见普通病 …………………………… 93

眼炎 ……………………………………………………93
鼻炎 ……………………………………………………94
肺炎 ……………………………………………………95
嗉囊病 …………………………………………………96
胃肠炎 …………………………………………………97
软骨病 …………………………………………………98
啄癖 ……………………………………………………99
痛风 ……………………………………………………101
鸽产软蛋 ………………………………………………102

六、鸽营养代谢病 …………………………… 104

蛋白质缺乏症 …………………………………………104
维生素A缺乏症 ………………………………………105
维生素D缺乏症 ………………………………………107
维生素E缺乏症 ………………………………………108
维生素K缺乏症 ………………………………………109
维生素 B_1 缺乏症 ……………………………………110
维生素 B_2 缺乏症 ……………………………………111
维生素 B_3 缺乏症 ……………………………………112
维生素 B_5 缺乏症 ……………………………………113
维生素 B_{11} 缺乏症 …………………………………114
维生素C缺乏症 ………………………………………115
胆碱缺乏症 ……………………………………………116
钙磷缺乏症 ……………………………………………117
氯和钠缺乏症 …………………………………………118
锰缺乏症 ………………………………………………119
铁缺乏症 ………………………………………………120
锌缺乏症 ………………………………………………121

碘缺乏症 …… 122
硒缺乏症 …… 123
镁缺乏症 …… 124

七、鸽中毒性疾病…… 126

喹乙醇中毒 …… 126
痢特灵中毒 …… 127
磺胺药物中毒 …… 128
有机磷农药中毒 …… 129
有机氯中毒 …… 130
砷中毒 …… 132
老鼠药中毒 …… 133
黄曲霉毒素中毒 …… 133
食盐中毒 …… 135
高锰酸钾中毒 …… 136
硫酸铜中毒 …… 137

附录…… 138

鸽病的快速诊断简明对照表 …… 138
鸽的正常生理指标数值 …… 148
鸽子的保健沙配方 …… 149

一、鸽病防治的关键技术措施

预防鸽病的关键技术

关键技术

预防鸽病的关键是要有严格的防疫观念，科学的饲养管理，供给全价的饲料、饮水、保健沙，定期消毒，按计划进行药物预防和免疫接种等。

免疫接种：必须做好鸽Ⅰ型副黏病毒、鸽痘的疫苗接种，且要按免疫程序进行。其他病的接种视情况而定。

（一）鸽场、舍的布局和设施要符合防疫的要求

1.场址的选择 要考虑到既要有利于生产，又要有利于防疫。场舍不要过于靠近居民点，避开交通要道，以减少干扰和应激反应。应该背北向南，地势高燥，阳光充足，通风良好，交通方便，水电供应正常，便于排污。

2.场内的布局 布局上，生产区应包括种鸽舍、商品鸽舍、孵化室、育雏室、育肥室、饲料配制室、药品室、兽医室、解剖室等。生产区要和非生产区严格隔开，进出口不能直通，要有一个供进出人员

消毒的走廊。

3.各通道口消毒池的设置 所有通道口、鸽场的大门口、生产区的门口、鸽舍门口均应设有消毒池，以便对进出车辆的车轮、人员的鞋子进行消毒。消毒池的大小为：大门口进出车辆的长为3.5米，宽为2.5米，能对车轮的全周长进行消毒。该消毒池旁边可另设行人消毒池，供人员进出使用。

（二）科学饲养管理，定期消毒

1.供给全价饲料、清洁的饮水和保健沙 要供给鸽子全面的营养，才能使鸽子保持最佳的生理状态和生产性能。鸽子的全价饲料目前还处在研究阶段，还不是十分普及。一般的肉鸽场还是采用在饲喂原粮谷物、豆类，另加保健沙的饲养方法，这样，饲料的原粮中营养物质的不足可以在保健沙中补充。所以保健沙的作用就非常重要，否则，对鸽子的健康、生长发育和繁殖后代都会产生不良影响。

供水要定时，水质要清洁卫生。一般应整天不断水，让鸽子自由饮用，炎热季节更不能断水。饮水要清洁卫生，每次加水时，首先要把剩余的污水倒掉，再加入清洁卫生的清水，必要时还可在饮水中加入0.01%高锰酸钾溶液、0.02%痢特灵溶液、0.02%结晶紫溶液或1 000毫升水中加入2～3滴2%碘酊溶液等，这些消毒防腐药可交替使用。

保健沙的配制和饲喂是养鸽技术的关键。实践证明，合理配制和使用保健沙是养鸽成败的关键，要使鸽子发挥最大的繁殖潜力和增加经济效益，就必须掌握这一养鸽的秘密武器。重视保健沙的质量和使用方法，鸽子的生产性能就好，亲鸽繁殖正常，蛋的受精率高，破蛋率和死胚率就低。相反，亲鸽产蛋少而劣，有软壳蛋，蛋的受精率低，并且死胚多，能出壳的子鸽，其生长速度也很慢，有的乳鸽到月龄时还不能站立。保健沙的配方和营养成分，详见附录部分。

2.定期清理粪便、保持环境卫生 鸽粪、脱落的羽毛，必须经常清扫，定期消毒灭菌和杀灭寄生虫。平时要确保鸽舍有充足的阳光，通风要好，还要防暑防寒。水槽和料槽要勤洗勤消毒，保证食料的新鲜，饮水的洁净，夏季还可在饮水中加入0.01%高锰酸钾或痢特灵溶液。

一般每3～5天清理一次鸽粪，每周进行一次全场性的消毒工作。承粪板要勤洗换，水杯、料杯每天洗涤一次。鸽舍要勤打扫，保持清洁。同时要做好通风保暖工作。

3.保持鸽舍安静，减少应激 要有适宜的湿度和亮度，通风良好，防止过热过冷和贼风以及雨水的侵袭。在鸽舍里操作时禁止发出巨大的响声，不能大声喧哗，吵吵闹闹，以免引起鸽群的应激反应而诱发疾病。

4.执行严格的定期消毒制度 做好消毒工作是防止鸽子发生疾病的关键。凡是进入场内的人员、车辆及用具等都要进行严格消毒。平时应定期对鸽舍、环境、笼箱、饲养用具进行清洁消毒，一般一周进行一次。

清除鸽舍附近的垃圾、杂草、污水，定期灭鼠、杀虫，消灭疾病的传播媒介。

鸽舍的消毒，应先清扫，洗刷笼子、饲槽、水槽，将垫草、污物、垃圾、剩料和粪便等清理干净，然后进行喷洒或喷雾消毒，否则消毒效果会大打折扣。房舍消毒所用药物可选用10%～20%的生石灰水或5%～10%的漂白粉溶液。

饮水的消毒，鸽的饮水应清洁无毒、无病原菌。为防止病原菌通过饮水传播，对饮水和水槽应定期清洗和消毒，可用高锰酸钾或百毒杀。

用具的消毒，可用百毒杀、消毒净、1%新洁尔灭等洗刷、浸泡。

对粪便垃圾，要采用堆沤发酵的方法消毒。要定期杀虫、灭鼠、灭蚊蝇。死鸽要深埋，防止乱扔或被狗、猫叼食。

空气和带鸽消毒，即在有鸽情况下，对鸽体、笼具及空间进行喷雾消毒，在大群饲养的肉鸽场，鸽舍一般一周进行2次带鸽消毒。药物可用百毒杀、抗毒威和菌毒敌等，一般的兽医药店都有出售。器械可装备舍内固定的喷雾管道，简易的也可用人工背负式农用喷雾器，雾滴粒子要小，尽量达到一定高度，才能起到净化空气的作用。药物的浓度可参照说明使用。

鸽场环境的消毒，可用10%～20%的漂白粉溶液（应现用现配）。

生产区内禁止外人来往或参观。场内人员进入生产区前要经消毒室更衣消毒。鸽舍的人员要相对固定，不得互相串舍，舍内的用具应固定使用。场内饲养人员不得在场外从事家禽的养殖活动，以防传染疫病。非兽医人员未经许可或在无兽医技术人员指导的情况下，不得自行解剖死鸽。

（三）有计划地药物预防和免疫接种

为有效防治鸽子疾病，必须自始至终贯彻“预防为主”的方针，除对鸽舍进行定期消毒外，在鸽子的各个生长、生产期易患的疾病，还要考虑用药物防病和进行有关的免疫接种。

1.药物预防 有效防治疾病，必须树立“防重于治”的观念，对一些能预见性的疾病，如夏季的肠道病、冬季的上呼吸道病，就应该提前给予一些有针对性的药物来预防，这类病往往是细菌性疾病，可投一些敏感的抗生素。鸽病的药物预防要有计划有目的地进行，不能盲目滥用药物，防止出现药物中毒或细菌耐药性的产生。

有的放矢地防治鸽病，即不同时期的鸽子要采取不同的预防措施。

乳鸽易患毛滴虫病、球虫病、霉形体病和沙门氏菌病、大肠杆菌病等。要适时投药，防止这类病的发生。

断乳期的童鸽，由于受到饲料、环境、生活方式等的突然改变的应激，机体的抵抗力会突然降低，此时的鸽子最容易患病，尤其要注意防范。一般可使用四环素、氯霉素，配合复合维生素B、维生素C使用，效果很好。换羽时，应增加微量元素、维生素和氨基酸的供应，否则易出现缺乏症。

配对期的鸽子，应提前2～3周换为生产鸽日粮，提高蛋白含量，增加保健沙的无机盐含量。

对有飞行训练和比赛任务的鸽子，为适应繁重而持久的肌肉活动，应于前2天在饮水中加入多种维生素。参赛期间，还应提高日粮的营养水平，添加多种维生素和必需氨基酸，使鸽子迅速补充被消耗的体能。

2.免疫接种 接种是防治传染病的重要手段。鸽场要制定出科学合理的免疫程序，在无特殊情况时，要按照程序进行免疫接种，不能乱来。要想取得预想的免疫效果，必须做到以下五点：即免疫程序合理，疫苗质量可靠，接种操作认真，鸽群体质良好，鸽舍环境中病原微生物不是太多。这五点缺一不可。

鸽病防治常用的免疫程序为：

鸽副黏病毒病的免疫：子鸽1～30日龄用新城疫L系疫苗滴鼻，1月龄时注射鸽副黏病毒灭活油苗0.5毫升，6月龄时再接种一次鸽副黏病毒灭活油苗，以后每年接种一次即可。如无专用的鸽子疫苗，也可用鸡用的新城疫疫苗。如遇上副黏病毒病发生，应尽快进行紧急接种，每鸽注射鸽副黏病毒灭活油苗2羽份，或用该苗与鸽新城疫弱毒疫苗如L系等同时使用，这样可迅速控制病情，减少不必要的损失。

鸽痘的免疫：乳鸽对鸽痘的易感性很高，尤其是15日龄以内的乳鸽，一旦发病，一般不好治疗。在常发鸽痘的鸽场，1～2日龄就要刺种鸽痘弱毒疫苗。一般在4～6周龄的幼鸽或羽毛丰满后，才能进行。接种时张开翅膀，在翅下无毛处，滴1～2滴稀释的疫苗（按瓶签说明稀释），用针头连刺3～5次，在接种后的7～10天，接种部位就会出现痘疹和结痂，说明接种成功。如过了10天接种处仍无痘痂出现，说明未接上，应重新接种。接种后的鸽子应隔离饲养，以防传播。

其他传染病的免疫接种：当鸽群受到某些传染病的威胁，如别的鸽场或鸽群正在流行禽流感、强毒新城疫等烈性传染病时，就要考虑给鸽群提前接种这些疫苗。如鸽群经常发生鸽霍乱、副伤寒、丹毒、大肠杆菌病等，就可考虑制定这些病的免疫程序。相反可不予考虑这些疫苗的接种，而且这几种疫苗接种后反应较大，免疫期又短，所以多数鸽场一般不用。

诊断鸽病的关键技术

关键技术

饲养员要学会认真观察鸽群，一旦发现异常，及时汇报。诊断鸽病时，先观察群体再进行个体诊断。诊断的方法是先进行基本情况调查，再进行流行病学调查、症状的检查、病死鸽的剖检诊断，必要时还可采取病料送往有关的兽医化验室进行确诊。本书的附录中鸽病的快速诊断简明对照表，可供初学者快速查阅对照使用。

（一）检查鸽病的顺序和内容

饲养员必须在每天早晨、中午、傍晚仔细观察鸽群。发现鸽子异常，要对病鸽做全面检查，可以了解鸽子发病的临床症状和病理变化，发现致病原因，从而对疾病做出初步诊断，及时而有效地采取预防和治疗措施。这对鸽病的临床诊断极为重要。检查鸽病的顺序如下：

1.首先通过感官的检查 主要是通过检查者的看、问、闻、嗅、摸等综合性感受来完成的，这些是最基本的而又简便的检查方法。

（1）看：就是检查者临近病鸽或现场时的第一感觉，从发病现场到发病鸽群，从发病鸽群到发病个体，从外到内，从症状到病变，认真检查。这些在检查中占有举足轻重的位置，因此显得特别重要。观察鸽群，一是观察鸽群的活动状态；二是观察饲料和饮水量；三是观察粪便的状况；四是听鸽的鸣叫声是否异常，呼吸时有无喘鸣或“呼噜”音出现。

（2）问：就是检查者通过对场主或场内其他有关人员的提问，来查询、了解病鸽或死鸽在发病或死亡前的饲养管理及环境因素等情况的变化，包括鸽场附近的疫情状况、场内的饲养管理、饲料与保健沙的使用情况、卫生状况、自然或人为应激的情况、用药情况、发病的急缓、发病数和死亡数、鸽群的流动、鸽场动物和人员流动情况、环境和气候变化情况等，都要尽可能详细地调查了解，它们都是正确诊断疾病的重要依据。此外，如鸽的来源、鸽病流行、防疫制度的执行情况等，均对正确诊断疾病有所帮助。

（3）听：主要是听病鸽可能发出的不正常的声音，如呼吸困难声和咳嗽声等，一般在夜晚检查，听得会更清楚。

（4）嗅：是用鼻嗅味道来判断疾病。如患急性大肠杆菌病败血症的病鸽，剖开体腔时会闻到像臭肉样的臭味；有机磷中毒时，消化道内有大蒜味；酒精中毒时，胃肠内容物发出酒精味等。故这项检查有时也很有效。

（5）摸：主要是检查异常部位的温度、光滑度、平整度或质地，从体表触摸来感知皮下肿物、结节，异物的质地、形状、大小等，从而为诊断提供依据。

2.及时识别发病鸽 正常情况下，鸽的精神饱满，动作灵活，活泼机敏，两眼明亮有神，无眼泪和眼屎；病鸽则精神不振，反应迟缓，离群独居，缩头弓背，无精打采，两眼无神或闭目昏睡状，有的还眼睑肿胀发炎，有分泌物。

健鸽食欲旺盛，摄食和饮水正常。发现减食、不食、喝水增加或不哺育幼鸽等，多为发病征兆。

健鸽行走步伐平稳，双翅有力，时飞时落，用手捉鸽时较难捕捉，逃避性强；病鸽则行走衰弱，容易捉捕，逃避性差，常垂头。

健鸽羽毛丰满整洁，具有光泽而富含脂质；病鸽羽毛暗淡、无光泽、松乱，非换羽期有脱毛现象，新羽成长慢。

健鸽粪便灰黄色、黄褐色或灰黑色。质硬呈条状，粪末端有白色物附着；病鸽粪便松软呈粒状或稀糊状，含水量多，严重者呈白色、灰黄色或绿色稀便，恶臭难闻，甚至拉红色或黑色血便。

健鸽鼻瘤干净有弹性，成鸽鼻瘤呈鲜明白色，雏鸽呈肉色，童鸽从肉色逐渐转为白色。鼻孔润滑，稍湿润，嘴湿润干净，无臭无黏液或污秽物；鼻瘤污秽潮湿，白色减退，色泽暗淡，肿胀无弹性，手触有冷感，鼻孔过干或不时流出浆性、黏性及脓性鼻液等，大都为病态表现。

嗉囊胀大坚实或软而有波动感，倒提时口中流出大量酸臭液体，或进食后呕吐，口腔黏膜过干、发臭，或者口腔流出黏液，不时打呵欠等多为病鸽；反之则为健鸽。

健鸽呼吸平稳，每分钟30～40次，呼吸时不带声音；呼吸次数增多，有罗音，流鼻液，咳嗽、喘气，呼出的气体带有臭味等则是病鸽。

健鸽皮肤亮润有光，呈粉红色；病鸽皮肤发绀（呈紫黑色）。手触摸翅膀两侧胸部，烫手则为发烧的表现。

健鸽肛门深藏绒毛中，泄殖腔周围与腹下羽毛清洁而干燥，无粪便污染；病鸽有些肛门红肿突出，泄殖腔周围的羽毛上沾有粪污。

健鸽肢蹠部的温度，不高不低；过高或者过低都是病态的表现。

健鸽腹部、胸廓肌肉较丰满滑润；病鸽则相反。

3.借助仪器、设备的检查 不同疾病的检查，需要的仪器、设备不同。如鸽的原虫病，主要是借助于显微镜或再加上染色液，检查过程较简单。但大多数传染病的检查就比较复杂，不仅需要比较完善的检验设备，而且需要具有一定专业知识的检验人员。实验室检查是疾病确诊必不可少的重要手段，有条件的鸽场，应建立自己的兽医检验室。条件不具备的鸽场，也应及时采取病料，送往有关的兽医实验室进行检验。对一些重大疫病，尤其是病毒性传染病如鸽副黏病毒病等，在平时就要做好疫病的监测，做到防患于未然。

（二）引发鸽病的常见因素

鸽病大致上可分为病毒病、细菌病、真菌病、普通病、代谢病、寄生虫病、中毒症等八大类疾病。引起鸽子发病的因素很多，主要有：

1.感染病原微生物 这是引起鸽子发病多，感染途径较广泛的原因。病原微生物包括：病毒、细菌、霉形体、真菌和衣原体等。它们的感染力、感染途径不同，与鸽的品种、品系、年龄、性别有一定的关系，其传染性、潜伏期和症状、病变也有所不同。

2.感染寄生虫 感染寄生虫的途径主要是粪便、饲料、饮水以及外来动物接触等。鸽子易感染的寄生虫有球虫、线虫、蠕虫、吸虫、虱等。寄生虫对鸽子的危害为吸取营养、产生毒素、造成机械损害、继发其他疾病。

3.毒物的毒素 毒素最常见的来源是饲料。饲料在收获前使用农药，或贮存时混入杀鼠、杀虫药，饲料贮存不当或时间太长而发霉变质，产生曲霉菌素等。此外在饲料中拌入药物不均或药量太大等，都可使鸽子中毒。粪便积累太多，发酵变臭，散发出高浓度氨气和硫化氢等气体，舍内通风不良导致二氧化碳蓄积，甲醛熏蒸消毒鸽舍时遗留的甲醛气体等，都可使鸽子受到伤害。蜂、蛇叮咬时产生的生物毒素的作用也可引起中毒。

4.环境因素的影响 剧烈的声响，扬起的尘土，温度忽高忽低，高温高湿都可成为应激因素，可使机体内潜伏的病原被激化而感染，导致鸽子发病。

5.饲养管理不当 也是引起发病的主要因素。

（三）诊断鸽病的方法

1.传染病与非传染病的区别 鸽病的种类很多，包括传染病、寄生虫病、中毒病、营养缺乏症和普通病等。在养殖过程中，鸽群常会发生各种疾病，尤其是集约化、工厂化的养鸽场，由于饲养密度大，特别容易发生传染病，常会造成大批死亡，导致很大的经济损失。而且，有的鸽病是人畜共患传染病，还会危害人体的健康。

首先要分清是传染病还是其他病，因为传染病的危害严重，常可导致大批的发病和死亡，应引起足够的重视。

传染病与其他病的区别是：传染病是由病原微生物引起的，临床上具有传染性和流行性，只要条件适宜，在一定时间内鸽群中会有许多鸽子发病，导致疾病蔓延流行；在鸽子感染病原体后，机体可发生免疫学变化，血清中会产生特异性抗体或某些变态反应，这种变化可以通过血清学诊断方法检查出来；一般耐过传染病的鸽子，由于获得了特异性免疫，在一定时期内或终身不再患此病。

而非传染病是不具备上述这些特点的，如中毒病虽然在一定时期内会出现大量发病，但鸽子一般不会出现体温升高，相邻的鸽群由于饲料和饮水的不同而不发病。普通病则没有传染性和流行性，且对症治疗后疗效明显。

如条件许可，进行实验室检查，会很容易区分开传染病和非传染病。

2.流行病学的调查

（1）环境状况调查：包括环境卫生、消毒情况调查，温度、湿度、通风、密度、光照、饲料、饮水等情况的调查。卫生差、不消毒的鸽群就可能感染上某些传染性疾病。高温对鸽可造成热应激死亡；温度、湿度是球虫病的发生条件；通风不良，呼吸道病就多发；密度大，会导致机体素质差，又易发啄肛啄羽、球虫病等；饲料配制是否合理，其中钙磷比例、维生素含量、蛋白含量、食盐含量等是否正常，有无发霉饲料，夏季是否有饲料发霉生蛆情况；饮水的水源水质是否合格，化学污染情况如何，能否供给鸽子充足的饮水，有无其他毒物中毒的可能等。群体的大小、日龄的多少，均会给诊断提供一定的参考。

（2）流行病学调查：流行病学调查就是要弄清引起传染病发生的一些因素。把调查的材料经过全面客观的分析，找出有规律性的流行病学资料，为正确诊断提供依据。流行病学调查包括以下几个方面。

发病时间：了解发病时间，可以判断疫病是初期还是后期，是急性病还是慢性病。

发病年龄：根据发病年龄，可以帮助分析疫情，对正确诊断有重要价值。例如，1月龄以内雏鸽发病死亡，结合临床症状表现拉白色浆糊状粪便，可提示为雏鸽白痢。幼龄的鸽易发生球虫病、维生素B2缺乏症等。但要注意它们相应的临床症状和病理剖检变化。各种年龄的鸽都能发病，而且发病率和死亡率都高，它们的临床表现基本上相同，这可提示是否为鸽副黏病毒感染、禽流感等。

发病经过和表现：了解发病时主要的临床症状表现。在观察时既要了解病鸽一般共有的临床表现，如精神沉郁、食欲减退、羽毛蓬松等，也要掌握某些鸽病特有的临床症状。如马立克氏病眼角膜混浊（眼型）和劈叉姿势（神经型），鸽副黏病毒感染出现神经症状（神经型）等。这些特殊症状，具有十分重要的诊断价值。再了解发病后是否治疗过，用药效果如何，如果发病后使用过抗生素类或磺胺类等药物，发病和死亡没有减少，可提示为鸽副黏病毒感染等病毒性传染病；如果在发病后使用过上述药物，病鸽停止死亡或症状减轻，则可提示为禽霍乱、沙门氏菌等细菌性传染病。同时还应了解传播速度，若突然大批死亡，可提示为中毒性疾病，再结合原因可以确诊。短期内在鸽群中迅速传播，可提示为鸽副黏病毒感染、禽霍乱等急性传染病。

周围疫情：询问周围地区养禽场过去曾发生过什么疫病，可以分析本次发病与过去疫情的关系。了解引进种鸽、禽和蛋的地区疫病流行情况，可以提供本地区有关诊断方面的线索。如新引进的带有鸽白痢病的种鸽与本场健康鸽混合后饲养，常成为发生鸽白痢的原因。了解当一种禽类发病，其他禽类有无相似疾病发生。当周围的禽场正在流行禽流感，本场也开始陆续有鸽发病死亡，就要考虑是禽流感的可能。

防疫情况：要详细了解鸽场预防接种情况，包括接种疫苗种类、接种时间、接种方法、疫苗来源及保存方法等。如已经接种了副黏病毒疫苗，并正在免疫期内，当使用的疫苗保存得当，不失效等，就要考虑是别的病。

对鸽场卫生防疫制度贯彻执行的情况，包括清洁卫生、定期消毒、人员卫生、粪便消毒、死鸽尸体的处理、药物防治和定期驱虫等，都应仔细了解。这在疫情的传播和促进流行方面，都具有重要的实际意义。

3.症状观察的方法 疾病种类很多，同一疾病的症状可能不完全一样，不同的疾病也可能有相同的症状，病鸽也可能同时先后感染两种以上的疾病，即便是同一疾病，病情也有轻有重，病程有长有短，这些都给鸽病诊断带来了困难。因此，要搞好诊断，就必须深入细致地观察，掌握群体和个体的表现，再结合病理剖检和实验室检查等进行综合分析，才能得出正确的结论。鸽病临床诊断的方法，一般从群体检查和个体检查两个方面入手。

（1）群体检查：群体检查是对鸽群整体情况的观察。观察鸽群时，尽可能不打扰鸽群，最好在喂料时观察。

群体检查的主要内容有鸽群的营养状况、饮水和食欲情况、精神状况、鸽群的动作、发出声音的情况，病鸽数和病鸽的临床表现。

食欲和饮水量的检查：这是每天必做的工作，检查时可在放料、放水时观察鸽的反应是否强烈，有无出现呆立、不思饮食的鸽。还可根据上一餐料槽、水槽的剩余量，来了解食欲和饮水情况。也可根据每天喂给饲料的记录，准确地掌握采食增减的情况。但食欲、渴欲的增减，还与下列因素有关，如食料的适口性、气候的变化、饲料、保健沙中的含盐量多少等，应做具体的分析。如鸽舍温度偏高，鸽的采食量就减少，温度偏低，则采食量就增加。而一般鸽患病时采食量是减少的，但饮水量一般是有所增多的。

观察粪便情况：对鸽排出的新鲜粪便，要注意检查粪的形状、颜色、异物（血液、寄生虫等）、尿酸盐的多少、臭味等。正常的鸽粪便呈螺旋状，并带少量白色尿酸盐的成型粪便。粪便颜色除与饲料有关外，鸽白痢为白色糊状或石灰样的稀粪；鸽副黏病毒病时为黄色、黄绿色或灰白色稀粪；患球虫病为棕红色稀便或血便；排出灰白色含有大量尿酸盐的稀粪，常可见于传染病和寄生虫病或痛风。

看呼吸、听咳嗽：观察鸽的呼吸状态及呼吸次数。禽类呼吸动作是靠胸腔的张与缩进行的，有时由于呼吸次数增加，也伴有腹壁和肛门的移动。家禽每分钟呼吸数：幼鸽30～40次，成鸽22～25次。同时应注意呼吸时的咳嗽、打喷嚏、罗音及张嘴伸脖呼吸等动作。这些症状的观察能帮助早期发现传染性鼻炎、念珠菌病、黏膜型鸽痘和鸽霉形体病等。

观察有无异常动作：神经型马立克氏病，常可见到一条腿向前，一条腿向后，形成劈叉的姿势。鸽副黏病毒病时常可见到站立不稳、转圈运动，同时表现头颈扭转或把头向后仰等神经症状。患维生素B_1缺乏症时，常表现扭头曲颈或伴有站立不稳及返转滚动的动作。肉毒梭菌中毒时，头、颈震颤等。

一般通过群体检查，可以了解疾病的严重程度、发病率的高低和特征性的临床表现，对疾病的性质可以做出有意义的估计。

（2）个体诊断：在患病的鸽群中可挑选几只病鸽进行详细的个体检查。检查方法可按消化、呼吸、神经等系统，各器官逐个进行检查。

口腔：主要检查口腔黏膜、舌和硬腭以及黏液等变化。口腔黏液分泌增多，常见于急性传染病（副黏病毒病等）或有机磷农药等中毒。口腔黏膜上有白喉样溃疡见于鸽痘或念珠菌病。口腔上皮细胞角质化，有时见有乳白色小脓疮，则见于维生素A缺乏症。

观察皮肤和羽毛：对露出皮肤的色泽、肿胀有无赘生物及体表的丰满程度的检查很重要；看皮肤上是否有痘斑、肿瘤等。鸽的脸部发白的，为淋巴白血病、住白细胞原虫病、慢性球虫病的重要病症。某种维生素缺乏时，眼皮、喙角生长干燥的瘤状物。从眼眶到颜面、肉髯的肿胀是发生传染性鼻炎等呼吸道疾病的特征。鸽的头部肿胀见于慢性禽霍乱。健鸽羽毛舒张顺滑，而病鸽的羽毛失去光泽，易被污染。同时羽毛膨胀松乱。外寄生虫侵袭或泛酸缺乏，生物素、叶酸、锌或硒缺乏时，羽毛生长缓慢且粗乱，脆弱易断掉毛。

眼球：健鸽的眼睛圆、大而有神；如眼睛有黏脓性分泌物或流泪，则为病鸽。

嗉囊：触诊嗉囊有波动，嗉囊膨大为软嗉，常见于某些传染病、中毒病、嗉囊炎等病。若将病鸽头低下，压迫嗉囊时，可由口鼻流出酸臭液体，常见于副黏病毒病等。当嗉囊有异物阻塞或因缺乏运动和饮水不足，嗉囊体积增大，触诊有实感为硬嗉，常见于谷物饲料引起的嗉囊积食。另外，鸽因喂饲大量粗纤维饲料可引起垂嗉。

喉头和气管：用手把鸽的口腔张开，可观察到喉气管的变化。喉头黏膜充血、出血、水肿及分泌出黏稠的液体，多见于副黏病毒病。在喉头部有白喉样的干酪样栓子是鸽痘或白色念珠菌病。当发生炎症有分泌物时，紧压气管表现疼痛性咳嗽动作，鸽子可表现甩头、张口吸气动作。

胸部：注意检查胸骨两侧肌肉、胸骨的完整性、胸廓的疼痛及肋骨的突起。当胸骨两侧肌肉消瘦，胸骨突出多见于鸽马立克氏病、淋巴白血病等慢性传染病。当饲料中长期缺乏钙或维生素D时，胸骨变薄并呈弯曲状态。

腹部：可用视诊和触诊的方法检查腹部。腹围增大时见于淋巴白血病、腹膜炎和肝脏疾病引起的腹水。触摸肌胃时，肌胃萎缩，见于慢性消耗性疾病，肌胃弛缓时则见于消化不良和多种维生素缺乏症。触诊肠管，可触摸到硬的粪块，盲肠呈棍棒状，提示为球虫病或盲肠肝炎病。

泄殖腔：将泄殖腔翻开，检查黏膜颜色及其状态，若泄殖腔黏膜有充血、出血和坏死病变，常见于副黏病毒病。

腿和关节：检查腿、关节和骨骼的形状和形态。当关节囊发生肿胀时，则提示为慢性禽霍乱、大肠杆菌病、沙门氏杆菌病和葡萄球菌病的感染。

个体检查是以鸽群整体发病情况和病鸽临床症状为线索，深入了解疾病的性质和发病的各个环节。要根据不同病例的病情有重点地检查某一个系统和相关部位，为进一步检查提供线索和方向。

4.通过粪便识别病鸽 病鸽的粪便表现有血性粪便、白色粪便、绿色粪便、水样下痢等区别，不同的鸽病在粪便上都有所反映。

排血性粪便的有球虫病（有时可排带血稀粪，镜检可查到球虫虫卵）、油菜饼中毒（腹泻，有时带血，但呼吸困难，体温下降）、棉子饼中毒（可排出血性粪便，同时口、鼻、肛门等天然孔也出血）、砷或砷制剂中毒（急性病例可排血性粪便，胃肠道有大蒜味）。

拉白色稀粪的有细菌性白痢（排白色糊状稀便）、痛风（排白色稀粪，而肾、输尿管充满白色尿酸盐）、弓形体病（排白色稀粪，还有角弓反张、歪头和眼失明等表现）。

排绿色稀粪的有钩端螺旋体病（绿色黏液稀便、贫血、黄疸）、圆线虫病（间有排绿色稀粪）、铜中毒（排深绿色稀粪，脑充血、出血、水肿和变软）、鸽霍乱、副黏病毒病、禽流感等。

拉水样下痢的常见于鸽副伤寒（水样下痢，中间有未消化的饲料）、鸽Ⅰ型副黏病毒病（病初出现水样下痢，肢体麻痹）、六鞭原虫病（水样下痢，粪镜检有虫体）、葡萄球菌病（败血症病例有水样下痢）、食盐中毒（水样下痢，渴欲剧增，嗉囊积液，无目的冲撞）。

5.通过神经症状识别病鸽　表现有神经症状或相关症状的疾病有如下几种情况。

以震颤为主的病：高锰酸钾中毒的，表现为肌肉震颤，呼吸困难，腹泻，口腔、咽喉黏膜呈紫红色；有机氯中毒或有机汞中毒的，表现为肌肉震颤，但前者口腔黏膜有溃疡，角弓反张，而后者流涎，下痢，共济失调；鸽Ⅰ型副黏病毒病和食盐中毒的，表现为全身性震颤，但前者排水样或黄绿色稀粪，肢体麻痹及扭头歪颈等神经症状，而后者频频喝水，无目的奔跑，共济失调，头后仰或仰后双脚向空中乱蹬，还有水样下痢；维生素B6缺乏症的，表现为肌肉震颤，高度兴奋，强烈抽搐，无目的奔走，长骨短粗，头颈垂地、前伸、侧弯或收缩。

以头颈歪斜扭曲为主的病：鸽副伤寒的神经类型病例常表现为，其翅或腿麻痹，排果酱状、淡绿色稀粪；鸽Ⅰ型副黏病毒病，在慢性及流行后期的病例有扭头歪颈症状；李氏杆菌病鸽，头部侧弯，有呼吸困难、腹泻症状；维生素A缺乏症，颈扭曲，眼内有干酪样物，流泪，眼睑粘连，盲目走动；维生素B_1缺乏症，幼龄鸽可出现屈曲双腿，头颈后仰，而成年鸽可出现从趾到颈的上行性肌肉麻痹。

以角弓反张为主的病：有机氯中毒或弓形体病均有角弓反张，但前者肌肉震颤，口腔黏膜有溃疡，而后者有眼失明，麻痹和阵发性痉挛症状。

6.通过口腔内伪膜识别病鸽　伪膜为淡黄色干酪样，易剥落的是鸽毛滴虫病的病变，其直接涂片显微镜可检到大量活的梨形虫体。

伪膜或堆积物呈乳白色，易剥离的是鸽念珠菌病的病变，同时其口腔有酸臭味，嗉囊内伪膜乳白色、鳞片状，极易剥落，镜检可见树枝状紫蓝色菌体。

嗉囊内伪膜为淡黄白色，易剥离的是鸽维生素A缺乏症，同时还有单侧性眼睑水肿，内有干酪样物，眼球深陷，严重者甚至引起失明。

口内有脓样坏死性物是泛酸缺乏症的病变，同时口角还有痂样物，而且皮肤角化，皮屑多，长骨短粗，掉毛，脚皮还可出现裂缝、疣状物或硬化层。

口腔内伪膜较难剥离，口角、鼻瘤及眼周围也有痘疹病灶的，则是黏膜型或混合型鸽痘的病变。

7.通过关节病变、长骨短粗及爪弯曲识别病鸽 关节病变的有鸽葡萄球菌病，它不但发生关节炎，还具有坏死、化脓及水样下痢等症状，镜检可见葡萄球菌；李氏杆菌慢性感染病鸽，取其关节内容物涂片镜检，可见细小的两极着色的球杆菌；鸽链球菌病，关节内容物经涂片染色镜检可发现链状的球菌；另外，大肠杆菌性关节炎病鸽，呈现多发性关节肿大；还有鸽关节型副伤寒病例等。

具有长骨短粗和爪弯曲的，大多数是维生素和微量元素不足引起的鸽病。

长骨短粗及跗关节肿大多为烟酸缺乏症、维生素H缺乏症、胆碱缺乏症、锰缺乏症、叶酸缺乏症等；引起爪弯曲的有维生素B_2缺乏症，鸽不但脚趾向内弯曲，而且还腹泻，肌肉松弛或萎缩，后期两腿叉开，瘫痪；维生素D缺乏症，鸽不但脚趾容易弯曲，而且喙、长骨也易弯曲或变形，胸、背、肋接连处内弯，有的病鸽胸骨呈S形，成鸽还可能会出现呈“企鹅式”蹲势，不能承受身体之重；某些氨基酸缺乏症，鸽不但脚趾因麻痹而弯曲变形，而且伴有羽毛生长受阻。

如果想通过观察症状，快速诊断鸽病，请参见本书附录部分鸽病的快速诊断简明对照表。

（四）尸体剖检的方法

1.外观检查 对已患病或病死的鸽子，应先进行外部检查和触诊，并做好记录。触诊即用手触摸被检部位的质地、软硬度，如可用手触摸嗉囊，感触其充实度，判断其内容物的性状，触摸其胸肌、腿肌的厚度等。

头部有无异常如眼睛有无炎症肿胀、分泌物，眼睑边缘有无痘疹。腿和爪有无颜色变化、骨折和痘疹等。

皮肤及羽毛有无异常，如羽毛有无脱落、折断、缺损，清洁度如何，肛门附近的羽毛有无粪便污染。皮肤上有无痘疹、溃烂、化脓，有无鸽虱、鸽螨跑动。有无损伤、充血、出血甚至丘疹或肿瘤等。

再检查眼睛及鼻瘤，正常鸽的眼睛清洁有神，鼻瘤干净，有弹性，呈浅红色或粉红色。还要检查其呼吸是否正常；鼻腔有无炎症和分泌物流出，并用嗅觉来鉴别鸽体的分泌物及排泄物是否有异味，呼出的气体有无臭味等。如鸽患肠炎时，其粪便恶臭；有机氯农药中毒，可闻到大蒜气味等。

2.解剖检查 解剖步骤为先将死鸽放入消毒液中，把体表的羽毛浸湿，防止羽毛乱飞，散播病原。未死的鸽，可在墙角用拇指紧压枕骨和寰椎之间并用力压之，使两骨断离致死。

将鸽放入解剖盘中，仰卧，先从左侧腹股沟下用剪刀剪开皮肤，两手将皮肤撕开，暴露胸腹部和另一侧腿以及嗉囊，此时可观察皮下、肌肉是否苍白、淤血、水肿、出血、结节等异常情况，并将两腿向外用力掰平，使整个尸体平放于盘中。

用剪刀在腹部剪口，并向左肋和右肋分别剪一刀，左右两手的大拇指在剪开处向前后方向用力，使体腔全部暴露。观察体腔有无积液、出血、干酪样物等异常变化。如需进行细菌培养和采病料，一般用肝脏、脾脏和心血为好，应就在此时接种，以避免污染。

下一步，先观察肝脏、胆囊、脾脏、气囊、内脏的浆膜面有何变化。

再用左手在肝脏的下部，找出肌胃、腺胃并捏住，用剪刀在腺胃的前面与食道接和处剪断并拉出，此时可观察肺、肾脏、卵巢、输卵管或睾丸有何变化。

然后按照顺序观察消化道的变化，依次为腺胃、肌胃、十二指肠、空肠、盲肠及盲肠扁桃体、直肠、泄殖腔等。心脏的观察，主要看心包、积液、心肌、心冠脂肪。

检查坐骨神经、臂神经的粗细、色泽。腿部大骨应折断，检查其软硬及骨髓的色泽。

口腔的检查，从嘴角剪开并撕至锁骨处，观察口腔黏膜、食道黏膜及喉头、气管、胸腺。

在鼻瘤处横断剪开，暴露鼻腔、眶下窦断面，看有无黏液、干酪物积聚等。

嗉囊剪开后，检查内容物的味道、异物、积气、积食、黏膜上有无脓包、伪膜等异常情况。

脑部的检查是先剥离头部皮肤，用剪刀在颅骨顶端十字剪开，然后一点点去除颅骨，暴露大脑、小脑，观察脑膜有无水肿、充血、出血，脑实质有无软化、化脓等。

剖检完毕后，深埋或焚烧死鸽尸体和内脏。用具和工作人员的手臂用消毒液浸泡消毒。

整个剖检过程及病理变化要有详尽记录，并进行分析综合，然后做出正确的诊断。

（五）剖检时常见的病理变化

诊断鸽病，单凭临床观察往往只反映表面现象，必须解剖病死鸽，即进行内部检查，对被检鸽的心、肝、脾、肾、卵巢、腔上囊等器官做全面检查；同时也要注意观察胃、肠黏膜有无异常变化，这样综合分析才能准确诊断。

1.消化道的病变

口腔：主要病理变化是口腔黏膜的变化，如出血、溃疡烂斑、白色或黄色伪膜等。

食道：常见病理变化是在黏膜上发生黄色坏死性伪膜，或灰白色小脓包样坏死点。前者为鸽毛滴虫病的特征性病变，后者常为维生素A缺乏症的特征性病变。

嗉囊：常见的病理变化有黏膜增厚如消化道线虫病；黏膜增厚并有白色圆形隆起的溃疡或灰白色干酪样伪膜，见于念珠菌病。有时维生素A缺乏症的病变也可蔓延到嗉囊。其他病变如黏膜的卡他性、出血性炎症等，常见于某些传染病和一些中毒性疾病。

腺胃：腺胃的主要病变部位在黏膜和乳头，表现肿胀、出血或溃疡。黏膜和乳头的出血多见于鸽副黏病毒病、禽流感、鸽霍乱等一些败血性传染病。鸽的四棱线虫病，可使腺胃乳头肿胀、溃疡。马立克氏病在迷走神经受损伤时，也可使腺胃壁肥厚或使整个腺胃膨大。

肌胃：常见病理变化主要发生在肌胃的角质层和角质下的黏膜。角质层发生溃疡、糜烂或变为黑色，多见于消化道寄生虫或某些有害物质中毒。角质层下黏膜点状或斑状出血，常见于一些急性败血性传染病。

小肠：常见病理变化主要是卡他性、出血性、坏死性等不同程度的炎症，或出现伪膜，或在浆膜层纤维素性渗出形成腹膜炎等。肠道的炎症常是微生物感染、寄生虫或毒素影响的结果。不同的炎症常预示着不同类型的疾病。各种消化道疾病、传染病和寄生虫疾病，肠道会出现卡他性炎症。当发生如鸽的副黏病毒病等急性败血性传染病时，肠道就会出现出血性炎症或肠黏膜的坏死溃疡；大肠杆菌或沙门氏杆菌感染时，可见到各种炎症和炎症形成的干酪样伪膜；小肠球虫病可使肠腔充满血液。肠道的病变与疾病的关系比较复杂，仅仅从肠道的病变往往不能得到诊断结论，而必须与其他病变紧密联系在一起考虑，所以临床上做诊断时，要综合分析。

直肠和泄殖腔：此处的病变常见为出血、结节或溃疡。当发生急性败血性传染病时，此处常表现为出血；霉菌性中毒时，直肠和泄殖腔黏膜常有小的突出于黏膜的白色结节或溃疡。

2.呼吸器官的病变

鼻、眶下窦：常见的病变为各种炎症分泌物或渗出物的蓄积。这常与一些呼吸道的急性或慢性疾病感染有关，如禽流感、副黏病毒病、鼻炎、霉形体病等都可造成脓性分泌物或干酪样物蓄积于鼻腔和眶下窦。

喉、气管：常见的病变是喉头和气管的黏膜炎症和出血，或出现干酪样物积聚。呼吸道传染病在急性期，多表现为黏液分泌增多，而在后期则形成干酪样物在喉头和气管积聚；败血性传染病可导致充血和出血。

肺、支气管：常见的病变为肺的各种实质性炎症、肺气肿、肺水肿与肺出血，以及特殊的如结核结节、霉菌性结节及肺脓肿等。支气管的病变以炎症为主，各种炎症分泌物在支气管内积聚可造成支气管堵塞。一般的呼吸道传染病都会波及到肺和支气管，而特殊的结节见于特殊的病，如肺结核会在肺部出现结核结节；曲霉菌病可在肺出现霉菌结节；一些化脓性疾病如绿脓杆菌病、链球菌病、禽霍乱等均可在肺部形成大小不等的脓肿。

气囊：常见的病变有气囊浑浊、增厚，表面出现黄白色干酪样渗出物蓄积，这些病变与呼吸道疾病有关，如大肠杆菌气囊炎、鸽鸟疫等；气囊出现圆盘状的小结节是霉菌性疾病的特征性表现。

3.生殖器官的病变

卵巢：常见的病变有出血、萎缩和肿瘤。青年鸽或产蛋鸽的卵巢出血，常与急性传染病有关。已经发育的卵巢萎缩，常见于沙门氏菌病或某些慢性传染病。卵巢肿瘤除马立克氏病外，非病毒性卵巢肿瘤也占有一定比例。一般的卵巢肿瘤以卵巢腺瘤为主，多见于产蛋鸽群。

卵泡：正在发育的卵泡，形状像大小不一的珍珠。卵泡发育成熟为卵，卵呈黄色，并有明显的血管。卵泡常见的病变有萎缩、变形、变性、卵泡充血、出血、破裂溶解等。卵泡的病变常有一定的特征性，如卵泡萎缩、变形、变性，多见于沙门氏菌的感染或某些病毒性传染病。卵泡充血、出血、破裂常与一些急性传染病有关，见于鸽的副黏病毒病、鸽霍乱、大肠杆菌性败血症、禽流感等。有时受惊吓后卵泡也可破裂，卵黄进入腹腔引起卵黄性腹膜炎。

输卵管、子宫：此处病变出现率比较低，常见的病变有黏膜水肿、肥厚、充血、出血，管腔内滞留各种分泌物或呈干酪样物，输卵管萎缩、变短、变细。这些病变见于一些传染病和青年母鸽维生素E缺乏症，导致产蛋下降。

4.淋巴器官的病变

扁桃体：扁桃体常见的病变有肿胀与出血，有时可见坏死和溃疡。扁桃体的病变常与急性败血症和沙门氏菌感染有关。

胸腺：胸腺一般在幼年比较发达，到成年时逐渐退化。胸腺病变出现率较低，常见的病变有充血、出血和肿胀等，可见于一些急性败血性传染病以及与免疫有关的疾病。

5.实质脏器的病变

心脏：心脏是在病理剖检中最常见到病理变化的一个主要器官。很多疾病发病时，常可使心脏受到损害，特别是一些传染病，常可导致心脏出现各种病变。常见的病变有心冠脂肪、心肌出血、心外膜炎、心脏表面出现特殊的结节或肿瘤等。心脏的出血一般都与急性传染病有关，而且出血点的形成和部位，对有些疾病常有一定的特征性，如禽霍乱的心脏出血，都在心脏的冠状沟周围；白细胞原虫病引起的心脏出血常突出于心脏的表面，为出血的结节，并在心脏形成特殊的像倒挂的芝麻样的白色结节。心外膜炎常与细菌感染有关。心脏的肿瘤是马立克氏病和白血病的特征。心肌的变性也形成类似肿瘤样的结节，但与肿瘤有区别，肿瘤一般与周围正常组织有明显界限，而心肌变性形成的结节与周围组织无明显界限，同时常有心包炎，表现为心包增厚，心包液增多、混浊或呈胶冻状凝固物等，常见于沙门氏杆菌病或大肠杆菌病。

肝脏：肝脏是常见病变的主要器官。在鸽的疾病中，病变出现率最高的脏器就是肝脏，而且病变也比较复杂。肝脏常见的病变有色泽变化、出血、肿胀、坏死、肝破裂、肝硬化等。如肝周炎是由于炎症引起肝脏表面形成白色胶冻状的纤维蛋白膜，肝脏肿胀，表面有增生性结节和灰白色针尖大小的坏死灶；或由于出血形成斑驳状色彩，色泽为古铜色、土黄色、绿色或红黄相间等。出现这些病变的病有鸽沙门氏杆菌病、大肠杆菌病、曲霉菌中毒病、鸽霍乱、病毒性肝炎等。

脾脏：脾脏常见的病变有各种炎性肿胀、出血，表面出现针尖状坏死点、各种斑驳状色彩、高度肿胀或镶嵌小的白色肿瘤等。脾脏的病变一般都与传染病有关，如马立克氏病、淋巴性白血病、结核病、沙门氏菌感染等。

胰脏：胰脏病变出现率一般比其他脏器低。病变有出血、色泽变化、出现坏死点等，常无特异性。在禽流感时，胰脏出现出血和坏死。

肾脏：肾脏常见的病变有色泽的变化、肿胀。肾脏为尿酸盐沉积形成的花斑肾或肾脏内有结石。这些病变指示的病一般比较复杂，常是一些病的症状之一。能引起肾脏病变的病有痛风、大肠杆菌病、磺胺类药物中毒、霉菌性中毒等。

6.神经系统的病变　神经系统包括大脑、小脑、外周神经等。常见的病变有大脑和小脑的充血、出血，见于鸽副黏病毒病等出现神经症状的急性败血症以及细菌的感染。脑膜水肿、混浊，脑回模糊，见于维生素E缺乏症。能侵害外周神经如迷走神经、臂神经、坐骨神经，引起肿大、变粗的疾病有马立克氏病、维生素B_1、维生素B_2缺乏症等。

通过剖检病变，快速识别鸽病技术，请参见本书后的附录部分鸽病的快速诊断简明对照表。

（六）病料送检方法

1.采病料方法　采病料因疾病的不同，方法也有所不同。应依照以下原则进行。

（1）采样部位：取病变明显的器官，当病变不明显而怀疑是某种病时，就要采取该病常侵害的部位；如提不出怀疑对象时，就要取全身各个脏器，这有助于诊断。当是发病率、死亡率很高的病，应取心、肝、脾、肺、淋巴结及胃肠等组织；如为了检查血清抗体时，则采取血液，待析出血清后，分离血清，装入灭菌小瓶中送检。

（2）采样时间：鸽子死后取样时间越早越好，最晚不超过6小时。取出的病料如不能马上送检，要及时放入冰箱冷藏或冷冻，但不可存放太久，以免腐败或失去原有组织的形态，贻误检查。

（3）无菌的要求：取病料时所用的镊子、剪刀以及盛放病料的器皿，都要进行严格的高压灭菌；所取的脏器一定不要受到别的脏器的污染，特别是肠管破裂、胆囊破裂、胃破裂等，其内容物中含的杂菌较多，极易污染所取病料。所以，一定要先取病料，取完后再观察病变。

2.病料保存技术 实验室诊断得出正确结果，病料的采取要按照上述要求，另外，还要使病料尽可能地保持新鲜状态。用于细菌分离培养的病料组织块，应保存在30%甘油缓冲液中，容器加塞封固；用于病理学检查组织形态结构的，用10%福尔马林溶液固定24小时后，换新鲜溶液一次。

3.病料送检方法 病料包装要安全稳妥，防冻防热。应在病料容器上做编号，并详细记录，附有送检单，并派人尽快送往检验单位，路途不可有耽搁。

治疗鸽病的关键技术

关键技术

掌握用药的方法和一些技巧，要认真了解各种药物的适应症，科学地选用药物并掌握好剂量和疗程，以求得最好的治疗效果。

（一）鸽子的用药特点及合理选药

与其他禽类相似，鸽子舌黏膜上的味觉乳头较少，食物在口腔中停留时间短，苦味健胃剂效果不好，如需健胃时，可采用大蒜来助消化；因为鸽子味觉迟钝，一些味道很差的药物如抗生素、中草药等，就可以通过饮水或拌料给药；鸽子的气囊很发达，呼吸运动主要靠气囊来完成，所以如治疗呼吸道感染时，也可用气雾的方法给药，效果也很好；鸽子很少呕吐，所以当服药过多或其他药物中毒时，不能采用药物催吐，要直接切开嗉囊，冲洗后缝合；鸽子对磺胺类、呋喃类、喹乙醇、痢特灵等药物比较敏感，用量必须严格掌握，尽量避免和减少毒性反应。

（二）严格掌握剂量及计算方法

药物在一定范围内，剂量越大，作用越强，超过了这个范围，性质就改变了，就会发生中毒或死亡，一般抗生素第一次用量应是正常的一倍，治疗效果才好。

（三）鸽场常用药物的使用方法

不同的药物给药方法不同，即使同一种药物，给药方法也可能不一致。不同的给药方法可以影响到药物的吸收与利用程度、药效浓度及维持时间，甚至可影响到药物作用的性质。所以家禽临床用药，常根据不同目的、不同药物特性和家禽的生理特点，选用不同的途径和方法。如鸽子的数量多，以采用拌料和饮水为好。一般在紧急情况下，也进行个体性地直接注射或口服，当少数鸽患病后要单个治疗，采用口服或注射。在实践中，还有一些特殊方法，通过对种蛋注射和浸泡来达到防治某些疾病，如各种胚胎性疾病。

如肉鸽场群体较大时采用全群投药，有病治病，无病预防。无论采用哪种用药方法，疗程要够，一般3～7天才能有效。给药途径有以下几种。

拌料：这是把药物或添加物按所需比例均匀混入饲料中，让鸽自由采食的方法。对难溶或不溶于水的药物较常用。

饮水：这是将水溶性好的药物按所需的浓度溶于水中，供鸽自由饮用的方法，也很常用。

喂服：本法是将药物给鸽逐只喂服，适用于喂服片剂、丸剂或胶囊等剂型的药物。

灌服：这是通过套有小胶管的注射器或小漏斗，把药液灌入鸽子嗉囊内的方法。

肌肉注射：此法操作简单且最常用，注射部位可在胸肌、两个腿肌、两翅膀的根部内侧肌肉。可选用6～7号针头。水溶性针剂多用本法注射。

皮下注射：在皮下与肌肉之间进行。常在颈部皮下注射。操作时，捏起鸽后脑颈部的皮肤，另一只手做术部消毒，用装有7号针头的注射器，在两手捏起的皮肤形成的皱褶内，沿颈椎平行的方向由前向后刺入，入针后针头无阻力，即可注射。油乳剂疫苗的注射常用此法。

嗉囊注射：这是向嗉囊内注入药液的方法。嗉囊炎治疗，消化道蠕虫的驱除等可用此法。操作时可用6～7号针头，注射前让鸽先食少量饲料，以使注射的部位更准确。

喷雾：将水溶的药物按所需的浓度配成水溶液，并根据要求雾粒的大小，选用相应型号的喷雾器喷雾。可用于环境、栏舍的消毒，或某些疫苗的接种，驱杀体表寄生虫等。

水浴：将可溶于水的药物，按所规定的浓度配成水溶液，放于水池或大水盆中，让鸽自行沐浴。此法多用于驱杀体表寄生虫，有时也用于驱除体内寄生虫，但只宜选在晴天进行，并且事前应供给充足的饮水，以防鸽子误饮药水，还要备有急救药，以确保安全。

滴入：有滴眼和滴鼻两种方法，可任选一种。滴入时，使用滴管或注射器，同时向双眼或双鼻孔内滴入药液。可用于疫苗的接种及眼、鼻炎症的治疗。

刺种：部位可选在任一侧的鼻瘤或翅膀内侧无血管的肌肉或翅膜上。术部可不必消毒。操作时，用写字用的蘸笔尖，蘸上药液，刺破皮肤4～5针即可。也可在术部滴1滴药液，随即用针头刺破皮肤4～5针。鸽痘疫苗的接种便采用此法。

（四）影响治疗效果的因素

1.药物的因素 包括药物理化性质与化学结构、药物的剂量、给药方法、药物在体内的代谢以及合并用药的影响。临床用药时，应特别注意配伍禁忌。如链霉素、新生霉素、金霉素与庆大霉素合用对脑神经及肾脏毒性会增加；青霉素类注射剂遇碘酊、酒精则被破坏失效，遇四环素注射液等酸性药物即分解失效，遇磺胺类药物则疗效降低。

2.机体的因素 它是药物应用的对象，由于机体情况多样而呈现药物作用不同。所以用药时一定要注意根据鸽子的具体情况而定，应考虑种属差异、个体差异、性别和年龄的差异、体重及机体的机能状态的差异等。

3.环境的因素 环境的不同，对药物的疗效也有影响。因为外界环境条件能使机体的状况发生改变，从而影响药物的敏感性。如饲养管理条件的不同，外界环境条件的改变，季节性气温的变化等。

4.饲料及添加剂的因素 饲料及添加剂中的一些成分如金属离子与药物发生反应，成为不溶或难溶的盐类，不能为肠道所吸收而降低疗效。如临床使用金霉素和土霉素等药物时，必须降低饲料中的含钙量，或在饲料中加入1%～1.3%的硫酸钠，使饲料中的钙进入肠道后，减少与抗生素类药物的结合率，相对提高药物效果。

二、鸽病毒性疾病

鸽新城疫

关键技术

诊断：本病诊断的关键是发病急，死亡快，体温高，拉绿便，头颈歪斜，震颤。腺胃乳头及上口、下口出血、溃疡。小肠黏膜、直肠、泄殖腔充血、出血，肠道扁桃体出血或溃疡。

防治：本病的防治关键是按照科学的免疫程序做好免疫接种。发病时紧急接种疫苗，已发病的鸽注射高免血清，如配合注射双黄连和地塞米松，则可迅速缓解症状，减少死亡。

鸽副黏病毒病又称鸽新城疫，是近几年新发现的一种由病毒引起的鸽传染性疾病。本病以腹泻和神经症状为主要特征，传播迅速，发病率和死亡率均很高。有些鸽场成年鸽不表现临床症状，只是乳、幼鸽发病和大批死亡。

本病的病原是鸽Ⅰ型副黏病毒。与鸡新城疫病毒的特性极其相似。该病毒能在鸡胚中繁殖，使鸡胚出血、死亡，能凝集多种动物的红细胞。该病病毒抵抗力不强，一般的消毒药都可以将其杀死。

（一）诊断要点

1.流行特点 不同品种、年龄、性别的鸽，只要没有接种过Ⅰ型副黏病毒疫苗的都易感。病鸽的分泌物、排泄物中含有大量的病毒，可污染饲料、饮水、用具和空气，健鸽与病鸽接触，经消化道、呼吸道感染。本病流行无明显的季节性，有高度传染性，传播迅速，发病率和死亡率都很高。在老的养鸽场流行就比较缓慢，发病率、死亡率较低。可能会出现个别鸽发病，病程长，有的可不死。有些鸽场成年鸽不表现临床症状，只是乳、幼鸽发病和大批死亡。

2.症状 潜伏期1～10天。在流行初期，病鸽来不及表现症状就突然死亡，也无明显病变。随后鸽群陆续发病，病后2～3天开始死亡。

病鸽初期症状是羽毛蓬乱，缩颈，精神不好，不吃不喝，体温升高至43℃。飞行失去平衡或不能飞翔。一翅或双翅下垂，脚不能站立。病鸽多数下痢，排黄绿色水样粪，肛门周围沾有绿粪。出现神经症状，如阵发性抽风、头颈扭曲、颤抖和头颈角弓反张等，能占病鸽的5%～10%。最后往往因全身麻痹而不能采食或缺水衰竭而死。幼鸽在感染后2天左右死亡。成年鸽感染有部分康复，但有神经症状后遗症。

3.病变 腺胃乳头出血，食道和腺胃交界处以及腺胃和肌胃交界处有条纹状出血或溃疡。小肠黏膜充血、出血，十二指肠下弯曲有枣核状烂斑。泄殖腔充血，有弥漫性出血点。脑膜充血，表面有少量出血点，脑实质水肿。肝脏肿大，有出血斑点。脾脏、肾脏肿大。

（二）鉴别诊断

本病要注意与禽脑脊髓炎、鸽副伤寒和鸽维生素B_1缺乏症区别诊断。

1.禽脑脊髓炎 主要症状是震颤、单眼或双眼变蓝失明、角膜混浊，可以区别。

2.鸽副伤寒 表现下痢和神经症状，但其是由沙门氏菌引起的细菌病，仅个别发生，拉黄、黄白色稀便而不拉绿便，用抗生素治疗效果很好。发病率、死亡率也低。另外，副伤寒在翅、腿会形成肿块和关节肿大，不会出现神经症状。

3.维生素B_1缺乏症 主要表现为腿不能站立，爪子向内弯曲，有时也会出现头颈歪斜的神经症状，但该病属于营养缺乏性疾病，如养鸽数量多时，大群会同时发病，补充维生素B_1后症状即可好转。

（三）防治

1.预防　当从外地引进鸽子时，必须隔离观察一个月以上，此时要密切注视鸽群的健康情况。由于鸡和鸽可互相传染本病，所以鸽场应尽量与鸡场分开，不宜在一个场饲养。

预防接种是关键，由于信鸽往往需要放飞，接触感染的机会多，故必须首先进行疫苗的预防接种。该病的疫苗有：鸽Ⅰ型副黏病毒病（鸽新城疫）病毒弱毒疫苗，按规定量用凉开水或生理盐水稀释，滴鼻点眼，5～7天可产生免疫力。鸽Ⅰ型副黏病毒病（鸽新城疫）病毒灭活疫苗，肌肉或皮下注射，接种后7～10天产生保护力。乳、幼鸽在第一次免疫接种后一个月，再免疫接种一次。鸡新城疫弱毒疫苗也可用于免疫接种鸽，但免疫效果有时不十分理想。当发生本病时，应立即封锁隔离鸽舍，并加强消毒，按规定应该焚烧病死鸽，如无条件焚烧，则应深埋病死鸽，此时应严禁出售或引进鸽子，以防扩大传染。

2.治疗　对未出现临床症状鸽，应视鸽群情况进行疫苗免疫接种。常规的做法是，对未发病的鸽接种疫苗。已发病的鸽注射高免血清或高免蛋黄，每只1～2毫升，效果很好。如没有鸽专用的，也可使用鸡新城疫高免血清或高免蛋黄。也可配合双黄连和地塞米松各一支注射5只鸽，能迅速缓解症状，减少死亡。

鸽痘

关键技术

诊断：本病诊断的关键是病鸽在口角、口腔或眼边出现痘痂，初期为丘疹，后期为褐色硬痂，下为出血溃疡面。长在咽喉部的，则呈一种黄白色像白喉样的伪膜，堵塞喉头。

防治：平时必须接种鸽痘弱毒疫苗。治疗时用镊子剥去痂皮，如在咽喉部可用带钩铁丝快速钩出。用紫药水涂擦患处。药物用双黄连、中草药有一定效果。

鸽痘是由鸽痘病毒引起的。本病的特征是在体表皮肤、口腔黏膜或眼结膜出现痘疹，因而影响运动、吞咽、呼吸，口腔黏膜或眼结膜上的痘

疹，极易造成患鸽死亡。

引起本病的病原属痘病毒科的鸽痘病毒（禽痘除鸽痘外尚有鸡痘、火鸡痘和金丝雀痘3种类型），本病毒对宿主有明显的专一性，即在自然情况下只使鸽发病，而不使其他禽类发病。在鸽体中，痘痂内含病毒最多。

（一）诊断要点

1.流行特点 病愈鸽能获得对本病的终生免疫，但多形成外观次品及幼鸽的生长发育不良。不同品种和年龄的鸽都可发生，但实际上幼龄鸽更为严重。本病有明显的季节性，在适于吸血昆虫如蚊、蜱生长繁殖和活动的温暖多湿季节，如南方每年的4～9月，北方6～11月是高发期，其他季节甚少发生。本病主要经吸血昆虫的叮咬而传染，也可通过伤口接触而传播。鸽体中，痘痂内含病毒最多。病愈后的鸽能获得终生免疫。

2.症状与病变 本病的潜伏期一般4～8天。按表现有皮肤型、黏膜型、混合型之分。尤其是混合型常造成严重的危害。

（1）皮肤型：病变是在体表皮肤，主要在鸽的头部及胫骨以下的脚部，但有时也出现在翅、背、肋及肛门周围的皮肤上。病的初期呈小点状，突出于皮肤，以后随病情的发展而不断增大，融合成褐色的硬痂，使局部变得十分粗糙。如长在鼻瘤、鼻孔、喙边缘，会影响呼吸和采食。病鸽精神不振，毛松，食欲下降或废绝，闭眼呆立，反应迟钝，行走困难。病程3～4周，病情严重或营养不良的多以死亡而告终，不死的可慢慢康复，但生长、发育都受严重影响。

（2）黏膜型：又叫白喉型，是在口腔黏膜上开始呈黄色小颗粒状，以后逐渐扩大成大片的黄痂或淡黄白色膜，不易剥离，勉强剥离后形成溃疡面，引起出血和疼痛。口腔的痘疹还可向下蔓延至喉头、咽喉部及食道的上段，严重影响呼吸、采食和饮水，最后常因不能呼吸、饥饿而死亡，病程较皮肤型的短。眼睑边缘和眼睑内也可发生，如长在眼部，眼边粗糙，使眼睛不能张合。眼结膜潮红、肿胀和分泌物增多，随着病情的进一步发展，分泌物变成黏脓性，甚至变成干酪样的块状物，影响视力，有的上下眼睑粘连，眼部肿大向外凸出或失明。

（3）混合型：该型是皮肤型与黏膜型混合发生的类型。

（二）鉴别诊断

1.咽型毛滴虫病 本病也在咽喉部形成黄白色伪膜，但伪膜剥落后的部位形成轻度溃疡，但不会引起出血。剥落物放于滴有生理盐水的载玻片上，加盖玻片后用低倍弱光显微镜检查，可发现梨状的活虫体。

2.念珠菌病 患念珠菌病的病鸽，嗉囊增大且伴有呕吐，吐出物为豆腐渣状，若将其用革兰氏染色后镜检，可发现紫色、树枝状的念珠菌。

3.维生素A缺乏症 维生素A缺乏症主要表现为眼炎、眼球干涸、皱缩和眼内有干酪样物的眼部病变，口内黏膜有颗粒状粗糙不平的伪膜。若能及时补给维生素A，症状可逐渐消除。

4.疱疹病毒感染 鸽的疱疹病毒感染仅在咽喉部出现伪膜和溃疡，而黏膜型鸡痘除在咽喉部有病变外，还在眼睑边缘、鼻腔和嘴角出现痘疹。

5.泛酸、生物素缺乏症 泛酸、生物素缺乏症均是在眼睑、嘴角及脚的皮肤上出现颗粒状或痂样物，眼的分泌物增多，上下眼睑可发生粘连；脚趾、脚底脱皮，形成小裂缝或赘生物、角质层等；常伴有羽毛脱落，容易折断和长骨短粗。只要及时补充所缺维生素，一般都可收到良好效果。

（三）防治

1.预防 疫苗的接种是鸽痘预防的主要措施。鸽痘疫苗有两类：一类是强毒苗，也叫自家苗，是用病鸽的痘痂制备的。这种疫苗毒力强，鸽群在接种后容易出现很强烈的反应，使不少鸽出现与自然发病大致相同的症状与病变，现在已不常用这种方法。常用的是弱毒疫苗，此疫苗可在出壳当天的乳鸽中接种，无任何不良反应，接种后10～14天就可产生坚强的免疫力，免疫期9个月。使用时，按疫苗瓶签上的要求加入生理盐水或冷开水。稀释后吸入注射器内，接上5号针头，在鸽的鼻瘤或翅下（乳鸽应在翅内侧，以免鼻上有损伤乳鸽采食时引起感染）用蘸笔尖蘸上疫苗，刺破2～3针即可。接种后可使80%以上的鸽不发此病，是安全、高效、简便易行的方法。本法越早接种越好，在发病季节最好实行出壳当天接种。一旦鸽子发病，则不能再接种疫苗，这时应对未感染的鸽子紧急接种疫苗。在鸽痘疫苗一时短缺时，也可先用鸡痘疫苗代替。

搞好环境卫生，定期消毒、杀虫，清除积水，消灭蚊子等吸血昆虫是防治本病的关键措施；改善环境条件，加强饲养管理，都是预防本病发生的有力措施。

2.治疗 用镊子将痘痂剥去，涂碘酊或紫药水、鱼石脂软膏，口腔病变涂碘甘油，均能促进痊愈。同时任其自由采食含0.08%～0.1%氟苯尼考或四环素、土霉素的饲料，或每鸽按2万～3万单位逐只喂服上述抗生素，防止继发感染，对尽快痊愈有一定好处。

禽流感

关键技术

诊断：本病诊断的关键是病鸽体温升高，流泪、流鼻液，头颈部水肿，拉白绿色稀粪，头颈部震颤。腺胃乳头出血，腺胃和肌胃交界处和肠道的黏膜出血。

防治：平时要做好预防接种。一般在1个月龄时注射1次，间隔2个月再注射1次。品种好的鸽子如果发病，可使用双黄连，有一定疗效。

该病是A型流感病毒感染引起的所有禽类都可以发生的一种禽类的烈性传染病。以禽的头、颈部水肿，眼结膜炎，急性感冒，急性死亡为特征，尤其当强毒株感染时，发病率和死亡率都很高。到目前为止，尚没有完全有效的疫苗和有效的治疗方法，所以一旦有本病发生，原则上仍采取销毁禽群，来消灭传染源。

本病的病原是正黏病毒A型流感病毒。在鸡胚中容易生长，也具有凝集鸡及某些哺乳动物红细胞的特性，但与鸽副黏病毒的凝集哺乳动物红细胞的种类不同。此病毒对外界环境的抵抗力不强，对福尔马林和碘类消毒药很敏感。

（一）诊断要点

1.流行特点 各种年龄的鸽和所有禽类，都非常易感。传染源是发病的鸟类、家禽和鸽子。病毒可通过病鸽的各种分泌物、排泄物和尸体等污染饲料、饮水，通过消化道、呼吸道途径感染。自然流行时，病毒的毒力差异很大。当强毒株感染时，发病率和死亡率会很高，呈一种暴发毁灭性流行。而当弱毒株感染时，病鸽症状轻微或无症状。

2.症状 潜伏期一般为3～5天。最先死亡的鸽常无明显症状而突然死亡。病程稍长的会出现体温升高（44℃以上），精神沉郁，毛松，呆立，食欲废绝，有鼻液、流泪和结膜炎，头、颈和胸部水肿，咳嗽，呼吸困难，严重的可窒息死亡。出现黄绿色或白绿色下痢，头颈部震颤、歪斜、转圈等神经症状。通常发病后几小时至5天内死亡，死亡率50%～100%。

慢性发病的鸽，表现为咳嗽，喷嚏，呼吸困难，拉绿色稀便，死亡很慢。

3.病变 急性死亡的病鸽，剖检可见胸骨内侧及胸肌、心包膜有出血点，有时腹膜、嗉囊、肠系膜、腹脂与呼吸道黏膜有少量的出血点。

病程较长的病鸽，病变就表现得典型，眼结膜肿胀，头颈部及胸部皮下水肿，有的水肿可蔓延至咽喉部周围组织。心包腔和腹腔有大量淡黄色、稍混浊的胶冻样液体。肾肿胀呈花斑样，肾小管及输尿管内有大量的白色尿酸盐沉积，肾区有坏死。口鼻内有大量黏液，腺胃乳头出血，腺胃的上口及腺胃和肌胃交界处的黏膜有点状出血。肺充血或小点状出血，肝、脾、肺有小的黄色坏死灶，胰脏有坏死灶和出血。

（二）鉴别诊断

本病与副黏病毒病、传染性支气管炎等十分相似，应注意加以区别。

1.副黏病毒病 发病和死亡情况、症状表现以及病理变化，与禽流感十分相似，但副黏病毒病的肾脏及肝、脾、肺、胰脏均无坏死、出血等明显病变。

2.传染性支气管炎 虽也有呼吸困难，但一般不拉绿便，死亡率不高。头颈部不水肿。病变仅局限在气管，无全身出血的病变，较好区别。

3.败血霉形体病、曲霉菌性肺炎、念珠菌病、鸽痘、毛滴虫病、气管比翼线虫病及维生素A缺乏症 这些病都有咳嗽、呼噜、甩头等呼吸道症状，但本病除呼吸道症状外，在头、颈、胸部有水肿，胸肌、胸骨内侧、两胃交界处的黏膜有出血病变，而上述这几种病都没有。

败血霉形体病病程很长，死亡的多是瘦弱和长期有病的鸽，病死鸽的气囊混浊或有大量黄白色干酪样物。

曲霉菌肺炎以肺和气囊炎症，而且有特殊的霉菌性圆盘状结节为特征。

念珠菌病是以口腔的黄白色伪膜为特征。鸽痘的头面部出现痘痂或口腔喉头出现伪膜和干酪样硬块，故不难鉴别。

（三）防治

1.预防 目前国内对本病研究进展很快，尤其是疫苗的研究，灭活苗和基因工程苗陆续被研制出来。灭活苗的使用效果还是比较理想的，接种后7～10天产生免疫力，免疫期6～9个月，可不同程度地减少损失，但禽流感病毒的血清型比较多，所使用的疫苗一定要和当地流行的病毒血清型相符。一般在1个月龄以上时注射1次，间隔2个月再注射1次，以后每6个月接种1次。

预防中最重要的一点是，不从有本病疫情的场甚至地区引进新鸽。附近的禽场如有本病发生，应注意严密封锁，做好消毒工作，以免此病传至本场。

目前对本病尚无有效药物可治，也没有确实有效的疫苗可防。故若发生疫情时，应将病鸽全部宰杀淘汰，立即严密封锁场地，并进行彻底的消毒，严防病原扩散。

2.治疗 对于品种好的鸽子，可采取治疗措施。双黄连对本病毒有效，按说明饮水。配合肾肿解毒药可提高疗效，能缓解病情，减少死亡。

马立克氏病

关键技术

诊断：本病诊断的关键是神经和内脏长有肿瘤，神经有肿瘤的从症状就可判断出肿瘤长的部位。如内脏长瘤则死亡很快，多长在肝、脾、肾、卵巢，瘤子大小为米粒大到花生豆大。

防治：本病防治的关键是要在雏鸽出壳的当天注射马立克氏病疫苗，颈部皮下注射1羽份，2～3周产生免疫力，终生接种1次即可。一般发病的鸽无法治疗，应做淘汰处理。

本病是由病毒引起的鸟类的一种肿瘤病。本病于20世纪50年代前已流行于世界各地，其表现主要是神经类型。我国于70年代开始出现，其表现主要是内脏肿瘤型。病禽脱落的羽毛和皮屑中含病毒最多，是造成传染的重要因素。

本病的病原是B群疱疹病毒。此病原对干燥及温热有较大的耐受性，干燥的羽毛在室温中8个月仍有感染力，普通消毒剂10分钟能达到消毒的目的。

（一）诊断要点

1.流行情况 本病多发生于鸡和火鸡，也可发生于其他禽类，如野鸭、鸭、鹅、天鹅、鹧鸪、鹌鹑、鸽、金丝雀等均有发生的报道。常以鸡为危害对象，其次就是鸽。病禽的羽毛囊和羽髓中含病毒最多，病毒随脱落的羽毛、皮屑和尘土一起漂浮在空气中，经呼吸道而吸入传染。被污染的饲料、饮水、人员及用具等经多种途径传染。不良的环境条件，如室温过高、尘土的飞扬等，均有利于本病的发生与传播。

2.症状和病变 本病的潜伏期较长，在受到感染后几周出现症状，之后便开始发生零星的死亡。根据肿瘤侵害的部位不同，症状表现也不同，可分以下4个类型。

（1）内脏型：表现为精神、食欲不振，闭眼，毛松，呆立，排白色或绿色稀粪。不久便迅速消瘦，体质极度衰弱，腹围增大，触摸肋骨后的腹部时有坚实的块状感。后期脱水，极度消瘦，呈昏迷状态。内脏长肿瘤的鸽，都以死亡而告终。剖检可见实质脏器尤其是肝、脾、卵巢、肾脏等高度肿胀和有很多淡黄白色结节，米粒大到花生豆大，肿瘤很细腻均匀如猪的脂肪，白或灰白色。卵巢上长肿瘤时，形状如菜花一样。法氏囊变小或弥漫性肿大，但不形成肿瘤。这点与白血病有明显的区别。

（2）神经型：又称为古典型。其特征是呈现单侧性翅麻痹或腿麻痹，患肢失去支撑力，故常呈卧倒状态。随着病情的不断发展，最终多见两腿一前一后伸张，瘫卧于地，无力回避捕捉，这种病鸽多在单侧坐骨神经上长有肿瘤。还有头颈歪斜，伴有嗉囊麻痹或扩张症状，这多是迷走神经上长了肿瘤。长有肿瘤的神经横纹及光泽消失，粗细不均，外周有透明的胶样水肿液。

（3）眼型：即眼睛的虹膜上长有很细小的肿瘤，表现为虹膜退色，呈灰色，边缘不整，呈锯齿状，瞳孔缩小，甚至眼睛失明，俗称“灰眼病”，病鸽不影响采食，很少死亡。

（4）皮肤型：本型的主要症状是皮肤增厚，出现米粒大到豆大的结节，且不断增大，这样的肿瘤很硬而结实，不滑动，局部温度不高，也无炎症。有时可破溃出血。本型很少死亡，生前还很少发现，只有在褪毛后才被发现。内脏无可见病变。

（二）鉴别诊断

一般根据症状表现，尤其是见到肿瘤就可以做出诊断。皮肤型马立克氏病与皮肤型鸽痘、恙螨病相类似。眼型马立克氏病与维生素A缺乏症相类似，其鉴别要点在鸽痘一病中已有叙述。

本病与白血病都是肿瘤病，肿瘤的形状也相似，极易混淆。但发病年龄不同，白血病仅在成年产蛋鸽中发生；不出现腿和头颈的麻痹和瘫痪；鸽的法氏囊是一个重要的鉴别点，出现法氏囊长肿瘤的同时，其他脏器也长肿瘤的就是白血病，法氏囊不长肿瘤仅其他脏器长肿瘤的就是马立克氏病。

（三）防治

在已有本病存在的鸽场，可试用鸡马立克氏病疫苗对出壳24小时内的雏鸽进行颈部皮下接种，每只鸽1羽份，现在已有马立克氏病的二价或三价疫苗，效果很好。发病普遍的或危害严重的场，可考虑全部淘汰，停止生产，并封锁1～2个月。在此期间要进行全场环境、鸽舍及用具的反复消毒，尤其是鸽舍的消毒，最好用甲醛和高锰酸钾熏蒸鸽舍，等舍内无气味时再让鸽子进去，这样消毒才够彻底。

该病无药物可治疗。如有病鸽，尤其是瘫痪和内脏长肿瘤的鸽，就应该淘汰并做焚烧处理。

禽白血病

关键技术

诊断： 本病诊断的关键是病鸽的内脏器官上长有肿瘤，多长在肝、脾、肾、卵巢等，使整个器官变得很大。最常见的是大肝、大脾，而且鸽的法氏囊也长有很大的肿瘤。主要发生于成年产蛋鸽。

防治： 本病防治的关键是对产蛋种鸽进行白血病的检疫，检出的阳性鸽淘汰。本病肿瘤是无法治疗的，到目前为止也没有可用的疫苗。

禽白血病是由禽白血病病毒引起的肿瘤病。该病为白血病／肉瘤病毒引起的一群疾病的总称，是造血器官发生的恶性无限制增生的肿瘤。

禽白血病病毒对外界环境的抵抗力较低，对热的抵抗力较弱，50℃经8分钟、60℃经42秒就可杀死。病毒对低温的抵抗力较强，对紫外线和X射线的抵抗力相当强。

（一）诊断要点

1.流行特点 仅产蛋鸽发病，不产蛋的鸽不发病。主要经发病的或带毒种鸽的种蛋垂直传染给雏鸽。感染的母鸽终身间歇或持续排毒。由污染的蛋孵出的雏鸽可发生病毒血症，并经唾液、粪便排出病毒，造成同群鸽的相互传染。所以对种鸽的检疫就非常重要。

2.症状 潜伏期很长并不好确定。因为白血病患鸽在肿瘤形成的早期，多无明显的症状表现，有的病鸽可能完全没有症状。长有肿瘤的病鸽表现不健壮或消瘦，脸部苍白，由于肝部肿大而使患鸽腹部增大。用手指经泄殖腔可触摸到长有肿瘤的法氏囊。白血病一般发生在性成熟或就要性成熟的鸽子。

3.病变 病死鸽的许多内脏组织中可见到淋巴肿瘤，尤其肝、脾、肾、卵巢和法氏囊中最为常见。肿瘤的颜色呈白色或灰白色，有的是弥散性的，也可能是局灶性的。如脾脏长肿瘤时，体积可为正常的3～4倍。如肝脏长肿瘤时，整个肝脏可被白色肿瘤弥漫性侵占，使体积增大2～5倍，有的肝脏重量达500克以上，故本病也称为“大肝病”。血液凝固不全，皮下、毛囊局部或广泛出血。

肿瘤常发生的部位顺序，首先是肝、脾、肾，其次是心、肺、肠系膜、肠壁、卵巢、胰腺等，有时可波及所有内脏器官。

（二）鉴别诊断

本病和马立克氏病的内脏肿瘤很难区别，因为这两种病的发病年龄相似，在同样的内脏器官中，都可发生颜色、大小一样的肿瘤，内脏病变用肉眼观察是区别不开的。但从法氏囊的肿瘤病变、发病日龄以及增生的肿瘤细胞可以区别这两种病。

本病仅发生在产蛋的鸽，绝大多数病鸽发病死亡的日龄在24～40周龄；而马立克氏病的发病死亡高峰在10～20周龄，常常是在鸽群中先出现神经症状的病鸽如麻痹、瘫痪之后，才出现内脏长肿瘤的鸽。本病的发病率、死亡率较低，一般不超过5%，而马立克氏病发病率较高。最重要的区别是看法氏囊，本病的法氏囊长有肿瘤，而马立克氏病法氏囊不长肿瘤，只是萎缩；本病的外周神经不长肿瘤。

（三）防治

该病无药可治，也无疫苗可用，应做到以下几点：

（1）平时加强卫生管理工作。

（2）培育无白血病鸽群：选不排毒的种鸽，用其种蛋进行孵化，形成无病原种鸽群。

（3）种蛋和种鸽必须从无病鸽场购买，孵化用具应彻底消毒。

（4）在疫苗研究方面，灭活苗和弱毒苗培育的尝试均已失败。但用基因重组的方法研究白血病病毒疫苗，有望能获得成功。

鸽的疱疹病毒感染

关键技术

诊断：本病诊断的关键是病鸽剧烈咳嗽，呼噜，呼吸困难，用力甩头，眼睛流泪，结膜炎。鼻腔有稠鼻汁或黄色肉阜堵塞。口腔、咽喉的黏膜发红、出血，有烂斑，咽部黏膜有白喉性伪膜，气管中也有伪膜和血性的痰液。

防治：本病防治的关键是未发生过本病的鸽场不提倡使用疫苗。如发生过本病，就要定期进行接种疫苗。病鸽可注射双黄连和氨茶碱，投服抗生素如罗红霉素。如能配合注射禽用干扰素，效果会更好。

本病是鸽Ⅰ型疱疹病毒引起的急性呼吸道疾病，本病于1945年首次报道，目前该病呈世界性分布，是与鸡传染性喉气管炎不同的一种病，欧洲大多数国家均有发生。家禽中的鸡、鸭有抵抗力。

本病的病原是疱疹病毒科的鸽疱疹病毒Ⅰ型。可在鸡胚内繁殖，引起病变。病毒的抵抗力不强，一般的消毒药都可以杀死。

（一）诊断要点

1.流行情况　家禽中鸽最易感，鸡、鸭有抵抗力。感染鸽的鼻腔、喉头能分离到病毒，故可通过成年鸽的接吻、亲鸽哺喂幼鸽而直接接触传染。也可经过上呼吸道和眼结膜感染。患过本病的鸽有长久的免疫力，但有的鸽可长期带毒和向外排毒，能传染别的鸽。

2.症状 典型病鸽表现为打喷嚏、剧烈咳嗽、呼噜、用力甩头、眼结膜炎，鼻有黏液或黄色肉阜堵塞鼻孔而发生呼吸困难，常常发生继发感染，如继发霉形体病、鸽霍乱、葡萄球菌病等。鸽受感染后24小时开始排毒，持续24小时，但排毒高峰期是在受感染后的1～3天。

3.病变 主要病变是口腔、咽喉的黏膜充血发红或出血、有伪膜和烂斑，咽部黏膜可能有白喉性伪膜。如为全身性感染，则肝脏有坏死点。如继发细菌感染，气管内可有干酪样物质，有的出现气囊炎和心包炎。

（二）鉴别诊断

本病在咽喉部出现伪膜和烂斑，还应与维生素A缺乏症、毛滴虫病、念珠菌病、坏死杆菌病、黏膜型鸽痘等口腔有伪膜的疾病进行鉴别。详见“鸽痘”部分。

（三）防治

目前本病尚无特效治疗药物，但发病早期及时使用干扰素和抗病毒药、止咳化痰药，可明显减轻症状和减少死亡。在预防方面，不论是弱毒疫苗或灭活疫苗，均不能阻止鸽子的感染，但可降低发病率，减轻临床症状，故可考虑使用。

禽脑脊髓炎

关键技术

诊断：本病诊断的关键是3周龄以内的雏鸽发病，表现头颈震颤，两腿瘫痪。眼睛失明，晶状体混浊、变蓝，易受惊吓。成年鸽表现短暂的产蛋下降，种蛋孵化率降低。病死雏鸽的肝脏脂肪变性，脾肿大，肠炎。

防治：本病防治的关键是种鸽在100日龄左右接种禽脑脊髓炎疫苗。病鸽无好的治疗办法，一律挑出淘汰、深埋，以防在鸽群中传染。

禽脑脊髓炎是由病毒引起的，主要以使雏鸽发生神经障碍、眼睛失明为特征的一种传染病，成年鸽表现短暂的产蛋下降，种蛋孵化率降低。

本病的病原是小核糖核酸病毒科的肠道病毒。多数毒株是由消化道感染，在肠道复制，只有少数具有嗜神经性，引起幼龄禽类严重的中枢神经症状。本病毒对酸有抵抗性。

（一）诊断要点

1.流行特点 鸡的易感性最强，雏鸽、雉鸡、鹌鹑和火鸡中也可自然感染，其他动物未见感染的报道。种鸽感染后，可通过种蛋把病毒传给雏鸽，出现明显症状的多是3周龄以下的雏鸽。

垂直传播是该病的主要传播方式，种鸽被感染后，通过卵黄将病毒传递给雏鸽，使出雏后一周内发病，部分雏鸽表现瘫痪症状。也可水平传播，主要经消化道，也可经外伤和呼吸道感染。如带毒的种蛋参与孵化，使刚出雏的雏鸽在孵化器内相互传播，出雏后发病数量就可能很多。本病一年四季均可发生，育雏高峰季节发病多见。

2.症状 胚胎期感染的雏鸽，潜伏期为1～7天，而经口感染的雏鸽的潜伏期至少为11天。

发病雏鸽初始眼睛失神，然后发生渐进性的运动失调，易受惊扰，不愿走动。一般可见头颈震颤，但表现形式各不一样，有些出现在运动失调之前，有些在后；有的鸽震颤明显，有些可能肉眼看不到，需把病鸽握在手中，手指按住头颈部才能感觉到。另外，震颤持续时间、频率和强度也可能各不相同。病鸽一般能正常饮食，但由于运动失调，行走困难，采不到食而衰竭死亡。部分病雏鸽可见一侧或两侧眼睛的视网膜脱落、晶状体混浊、变成蓝色而失明。若将这种失明鸽留为种鸽，其后代可能有同样的眼病，但不出现脑脊髓炎的症状。雏鸽群内感染率和发病率不等，发病率通常为5%～40%。

成年鸽通常无上述症状出现，唯一表现是1～2周的产蛋量下降，种蛋的孵化率下降。

3.病变 本病的肉眼病变不明显，仔细检查仅可在胃的肌层中发现灰白区由多量淋巴细胞浸润所致。特征性的变化是中枢神经系统，脑部不同程度地充血，而外周神经不受牵连。病死雏鸽的肝脏发生脂肪变性，脾肿大，肠炎。

（二）鉴别诊断

本病的神经症状与雏鸽维生素E缺乏症、雏鸽佝偻病、马立克氏病和维生素B_2缺乏症容易混淆，需要注意鉴别。

本病的诊断要点是，发病鸽的年龄在3周龄之内，并有一定的发病率，均表现为头部的震颤，失明，眼睛变得混浊，种鸽的产蛋率下降等，依据这些就可做出诊断。

1.维生素E缺乏症 表现的神经症状为运动失调，病雏常伴有肌肉发白，皮下有蓝绿色渗出，剖检往往出现小脑软化和大脑的液化性坏死灶，而禽脑脊髓炎并无脑软化、坏死的表现。

2.佝偻病 有时出现神经症状，但伴有明显的骨骼变化，并且无传染性。

3.马立克氏病 发病日龄一般比本病要晚，而且脏器产生以淋巴样细胞浸润为主的肿瘤样病变和周围神经系统的病变，还有虹膜炎和消化道炎等。而本病的外周神经系统均不受损害。

4.维生素B_2缺乏症 一般2周龄左右的鸽易发生维生素B_2缺乏症，病鸽表现趾、爪向内蜷曲，卧地不起，坐骨神经和臂神经变软并肿大数倍，眼睛无变化。

（三）防治

发生过本病的鸽场，应在100～120日龄接种禽脑脊髓炎油乳剂灭活苗，也可用弱毒活苗，均有较好的效果。未发生本病的鸽场不宜应用，尤其不能用弱毒活苗，以免疫苗毒力返强致病。平时对种鸽要加强检疫，发现阳性鸽要坚决淘汰。平时要加强消毒，定期检疫，不断地净化鸽群。

种鸽感染后，因无特征性症状，易被误诊或忽视。如排除饲养管理方面影响产蛋的因素后，突然出现产蛋减少，要立即找实验室确诊。确诊后，在产蛋量恢复到正常时的一个月左右，种蛋不要用于孵化，可做商品蛋处理。对已确诊为本病的有症状雏鸽，一律挑出淘汰、深埋，以减少同群的感染，如发病率高，则考虑全群淘汰，彻底消毒，重新引种。

三、鸽细菌性疾病

鸽霍乱

关键技术

诊断：本病诊断的关键是突然发病，体温高，胀嗉，下痢的粪便稀而恶臭、黄绿色。皮下和腹腔脂肪、实质脏器有大小不等的出血点。心冠脂肪及心外膜有针尖大出血点。肝脏肿大，密布有针头大小的灰白色坏死点。

防治：本病治疗的关键是用青霉素肌肉注射。氟苯尼考、土霉素、庆大霉素拌料，效果也很好。

鸽霍乱又称鸽出血性败血症（简称鸽出败），是一种由多杀性巴氏杆菌引起的一种所有家禽都可发生的急性败血性疾病。其特点是来势急、病情重、死亡快，发病率与死亡率都比较高。

本病病原为多杀性巴氏杆菌。该菌抵抗力不强，消毒药以及干燥和日光均可很快杀死。消化道和呼吸道是主要的感染途径，通过食入被污染的饲料、饮水和吸入被污染的空气而感染。人、用具和其他动物可成为机械带菌者。

（一）诊断要点

1.流行特点 家禽可同时发病。通常以鸭最为严重，所有的鸽场都有可能发生本病，但以成年鸽（产蛋鸽）为多见。其特点是来势急、病情重、死亡快，发病率与死亡率都比较高。本病发生时，开始只有少数鸽子突然死亡，一经用药便可制止，但停药后易复发，常因频频复发而连续不断地发生死亡以致不能停药，造成很大损失。

本病为条件性传染病，在饲养管理条件突然改变时，尤其是参赛的信鸽体力下降，或群养的鸽子饲养密度较大、通风不良，以及长途运输的鸽子容易暴发本病。夏末秋初多发。

2.症状 急性病鸽，主要表现精神很差，羽毛脏乱、食欲降低或废绝、渴欲增加，体温高达42℃以上。由于频频饮水，往往造成嗉囊胀大，口腔黏液增多，或流出黄色黏稠液体，病鸽常缩颈闭眼，弓背垂翅，离群发呆，不爱活动，眼结膜发炎流泪，鼻瘤灰白，喙、眼、鼻瘤等处潮湿且污秽，多数病鸽还有下痢，粪便稀烂、恶臭，呈铜绿色、黄绿色或棕绿色。病程常在1～3天，倒提时口流带泡沫的黏液，最后衰竭、昏迷而死。

慢性病鸽，在流行后期表现为机体消瘦，精神不振，贫血，关节发炎肿胀，有时跛行。还出现慢性呼吸道炎症、慢性胃肠炎、持续腹泻、关节肿大及垂翅等慢性症状，病程长的可达1个月左右。

3.病变 急性死亡的鸽，尸体外表常无明显变化，有时见心外膜有少量的针尖大出血点。急性病例可见鼻腔内积有黏液，肌肉、血液呈暗褐色，皮下组织和腹腔脂肪、肠系膜、浆膜、实质脏器有大小不等的出血斑点。胸腔和腹腔尤其是气囊和肠浆膜上，常有纤维素性或干酪样灰白渗出物，肠管上覆有一层黄色纤维素。肠道黏膜呈卡他性变化和出血。肾脏肿胀。气管充血或有出血点。心冠脂肪及心外膜有针尖大出血点。肝脏肿大，有针头大小的灰白色坏死点，此乃本病的特征性病变。慢性病例主要表现关节肿大，关节囊增厚、变形，跛行。

（二）鉴别诊断

在诊断时应注意与霉形体病进行鉴别，后者主要表现为气囊混浊及出现干酪样物等气囊炎病变，且单纯的霉形体病极少导致鸽死亡。

本病在急性死亡期要注意与鸽副黏病毒病相区别，两病症状相似，但后者在流行后期可遗留有扭头转圈等神经症状的慢性病鸽。在病变上各有特征，除了两者均有严重的全身性出血外，本病的肝脏变化具有特征性。

（三）防治

1.预防

（1）不从外地引进病鸽，坚持自繁自养。若从外地引进鸽子，必须隔离观察15天，确实无病者，才能混群饲养。

（2）发现附近鸽场发生病时，信鸽暂不宜放出，肉鸽舍防止外来飞鸟进入，并投药预防。发现病鸽，应及时采取封锁、隔离、治疗、消毒等有效防治措施，尽快扑灭疫情。对病死鸽要深埋或烧毁，彻底消毒鸽舍、笼具；鸽群绝对不能与鸡、鸭等家禽混养，还要远离其他家禽或鸟类。

（3）平时要每隔一段时间于饮水中加百毒杀，进行消化道消毒，费用不高，对鸽霍乱及其他细菌性疾病有预防作用。用量：百毒杀4 000倍浓度稀释，可长期饮用。该药既可用作防病又可用作消毒，比较经济适用。平时的预防性用药，在夏天显得更为重要。

（4）在常发生本病的鸽场，可用禽霍乱弱毒菌苗进行预防接种，每鸽1～2毫升，注射后5～7天产生免疫力，免疫期3～5个月。但没有发病史的场一般不采用。这一点务请注意。

2.治疗　对于本病的治疗药物较多，现介绍几种疗效高、成本较低、使用方便的药物。

首选药物为青霉素，每只鸽注射5万～8万单位，每日1次，连用3～5天。氟苯尼考，每千克饲料加4片（或原粉1克），连用3～5天。

在饲料中加入环丙沙星或恩诺沙星等，每100千克饲料拌入预混剂350克（即含原粉7克），连喂2～3天，疗效很好；也可作饮水使用，剂量为0.007%饮水，连用3～5天，疗效很好。庆大小诺霉素，每千克体重肌肉注射2～4毫克，每天2次，连用2～3天，疗效非常显著。

禽霍乱高免血清，每千克体重治疗量为2～4毫升，皮下或肌肉注射，一般1次即可见效，必要时可重复注射1次，则疗效更佳。

其他药品中，青霉素与链霉素联合注射疗效很好；禽菌灵为中药，可作预防用。

复方新诺明效果也很好，但有时影响产蛋，所以要慎用。

需要指出的是，目前有不少养鸽户，在平时生怕鸽子有病，经常性地预防用药，如常选磺胺类、土霉素、青霉素、链霉素等抗菌药物。由于这些药物的长期使用，本场的细菌会产生耐药性，当鸽子生病时，这些药物药效就不理想，必须找化验室做药敏实验，找出最敏感的药物使用。

鸽白痢

关键技术

诊断：本病诊断的关键是雏鸽的白色下痢，排出白色浆糊状的稀粪，泄殖腔周围的绒毛上粘着白色、干结成石灰样的粪便。卵黄吸收不良，内容物呈油脂状或豆腐渣样。心肌上有坏死结节，肝有坏死点。

防治：本病防治的关键是要加强对种鸽的检疫，已感染的鸽蛋，不能进行孵化。雏鸽1日龄用药物预防，用庆大霉素、土霉素，效果均很好。

鸽白痢是鸽白痢沙门氏杆菌引起的各种年龄鸽均可发生的一种传染病。本病的特征为雏鸽白色下痢，排出白色浆糊状的稀粪，泄殖腔周围的绒毛上粘着白色、干结成石灰样的粪便，常称为“糊屁股”。本病是一种能通过种鸽的卵巢和卵黄传染给后代的垂直传播的疾病。

该病病原是肠杆菌科中的鸡白痢沙门氏杆菌，它对外界环境有一定的抵抗力，如在孵化器中可存活1年，在土壤中14个月仍有感染力。对热的抵抗力不强。常用的消毒药均可杀死。

（一）诊断要点

1.流行特点　主要感染雏鸽，3周龄之内的鸽很容易发病。成年鸽感染后一般无症状，但长期带菌。主要通过蛋内传播，病菌也可通过污染饲料、饮水、地面、用具，使雏鸽感染。垂直传播是本病主要的传播方式。当环境肮脏、通风不良、室温太高或太低、密度太高时，最易引起发病。

其发病率、死亡率，与鸽的日龄有关。带菌蛋孵出的病雏鸽，一般1周龄内发病死亡。孵出后感染的，7～10日龄为发病高峰。

2.症状 带菌蛋参与孵化时，在孵化期内发生死亡的较多，或孵出不能出壳的弱胚，或出壳1～2天死亡，症状不明显。孵出后在孵化器或育雏初期感染的雏鸽，在孵出后5～6天开始发病死亡。也有外表健康，但以后发病逐渐增多，到2～3周龄时达最高峰。病雏怕冷，不愿走动。身体蜷缩，两翅下垂，精神委顿，眼半闭，嗜眠状，下痢，排出白色、浆糊状的稀粪。有时泄殖腔周围的绒毛上粘着白色、干结成石灰样的粪便，常称为“糊屁股”。由于干结粪便封住肛门，排粪时常常发出“吱吱”的尖叫声。多数病雏显现呼吸困难症状，伸颈张口。

成年鸽不表现明显症状，成为隐性带菌者，不被人们察觉，只可感到产蛋量与受精率下降，孵化率降低。有的可发生卵黄坠积性腹膜炎，出现“垂腹”现象。

3.病变 早期死亡的病雏，无明显病变，只见有肝肿大和淤血。胆囊充盈大量胆汁，肺充血或出血，病程稍长的病雏，可见卵黄吸收不全，卵黄囊皱缩，内容物稀薄，呈油脂状或淡黄色豆腐渣样，在肺、心肌上有米粒大小灰褐色或灰白色坏死结节，致使心脏增大变形，肝有白色、灰色坏死点，有的病雏在肌胃、盲肠、大肠黏膜上亦见有坏死点。盲肠中有灰白色干酪样物质嵌塞肠腔，脾充血、肿大或见有坏死点。肾肿大、充血或出血，输尿管内充满尿酸盐。

成年鸽最常见的变化是卵泡形状和颜色的改变。卵泡失去正常的金黄色，变得阴暗无光泽，呈灰色或灰绿色，同时，卵泡形状皱缩不整齐（扁的、椭圆形、凹凸不平的），卵泡内容物变成油脂样或豆腐渣样。有时还可见到卵泡呈一大囊状，有一长柄和卵巢相连，常常掉在腹腔内，为炎性渗出物所包裹，常引起腹膜炎，叫卵黄性腹膜炎。有时还可看到变性的卵黄嵌塞在输卵管内，从而引起输卵管炎性堵塞或肠壁的粘连。同时还可常见有心包炎，心包内积有混浊液体。心包膜弥漫增厚而混浊，甚或与心肌粘连。

成年雄鸽主要是睾丸炎，睾丸有小脓肿，输精管增粗，内有渗出物。

（二）鉴别诊断

鸽白痢易与副伤寒、曲霉菌病、大肠杆菌病、维生素B_1缺乏症及中毒性疾病混淆，应注意与这些疾病的区别。

盲肠干酪样的栓子很像雏鸽副伤寒。孵化中死亡率高及雏鸽卵黄吸收不全又类似大肠杆菌感染，成年鸽的心包炎以及卵巢、卵泡与卵黄囊的病变与大肠杆菌、沙门氏菌、葡萄球菌以及链球菌等感染有相似之处。心肌上的慢性肉芽肿应与鸽马立克氏病的心肌肿瘤相似。因此，应注意与上述疾病相区别。

（三）防治

1.预防

（1）检疫并淘汰阳性带菌鸽，建立和保持无白痢种鸽群是防治本病的关键性措施，也是种鸽场做净化工作的主要内容。

建立方法如下：种鸽应来自无白痢病的鸽场。已感染的种鸽群，应于16周龄时检疫1次，以后每隔2～4周检1次，连检3～4次。每次检出的阳性鸽应全部淘汰，并对鸽场进行一次全面、彻底的消毒，直至全群无一只阳性鸽出现，再隔2周做最后一次检疫，如无阳性鸽出现，才可作为健康鸽群。以后每半年检1次，一旦有一只阳性鸽，就要进行细菌学检查。如分离到了本菌，则应视为鸽白痢阳性群，需按上述步骤重新检疫重新淘汰阳性鸽，才能再建立健康鸽群。在鸽白痢病检疫之前2～3周，应停喂任何抗沙门氏菌的抗生素药物。因某些药物如痢特灵等可抑制白痢抗体的产生，影响检疫结果。

（2）鸽舍要保持清洁卫生，坚持每天一次的喷雾消毒，空舍要进行熏蒸消毒。鸽舍温度要稳定，饲料配合要科学。

（3）投药预防，雏鸽出壳后，可用高锰酸钾饮水，同时用0.3%～0.4%痢特灵拌料，庆大霉素按每只鸽每天4 000单位饮水，或环丙沙星饮水，以及使用一些中草药制剂等，可有效地预防鸽白痢的发生。微生态制剂的使用，近年来取得了很大的进展，如促菌生、调痢生、乳酸菌、EM等，它们无毒安全，无任何不良反应，价格低廉。但注意，使用微生态制剂的前后各4～5天内禁用抗菌药物，因为它们都是活菌制剂。

2.治疗　本病用多种药物都能取得较好的疗效。但只能减少或缓解鸽群的发病和死亡，不能完全消灭体内的细菌。可以用土霉素、氟苯尼考、环丙沙星、恩诺沙星、新诺明等。

本病的预防目前仍无疫苗可用，虽药物可以预防和治疗，但治疗后的鸽仍可长期带菌，并经卵传播。

副伤寒

关键技术

诊断：本病诊断的关键是病鸽拉水样或黄绿色带泡沫的稀粪。肠壁增厚，内含黄绿色或白色有泡沫的糊状内容物。肝、肾、脾、心、胰腺等脏器有黄白色坏死结节。肝肿大，古铜色。心肌炎、心包炎或心包粘连，心脏冠状沟有出血点。

防治：本病防治的关键是注意鸽的饮水、饲料和保健沙的清洁，定期饮用消毒液。发病时用氟苯尼考、土霉素、饮水或拌料，严重的用链霉素、庆大霉素或卡那霉素注射，效果均很好。

副伤寒是由鼠伤寒沙门氏菌引起的鸽的传染病，本菌可感染各种禽类、家畜以及人。在鸽尤其幼鸽已是一种常见病、多发病，对养鸽业是一大威胁。本病还常与鸽Ⅰ型副黏病毒病、毛滴虫病、败血霉形体病合并发生，以致造成更为严重的损失。

该病病原为鼠伤寒沙门氏菌。该菌对外界环境有一定的适应性，但对一般的消毒药都很敏感。

（一）诊断要点

1.流行情况　幼鸽最易患此病，饲料变质、缺乏营养、饮水污秽、天气忽冷忽热、转换鸽舍、长途运输等均能使其抵抗力降低而导致发病。

本病是一种很重要的垂直传播疾病，带菌的种蛋和被病菌污染的种蛋，均可使胚胎受感染，该病能经蛋传递给后代。消化道也是重要的传播途径。此外，还可通过呼吸道、眼结膜和损伤的皮肤传染。管理人员、用具、其他禽类都可传播本病。猫、鼠等不少家养或野外的动物是普遍的带菌者，这些动物同样是非常重要的传染来源。

2.症状　潜伏期12～18小时或稍长。幼鸽常呈急性败血经过，随着年龄的增长，症状也趋向缓和而成为亚急性、慢性或隐性经过。本病有肠型、内脏型、关节炎型和神经型之分，这些类型既可单独出现，也可混合发生。

（1）肠型：主要表现为消化道机能严重障碍。病鸽精神呆滞，食欲不振或废绝，毛松，呆立，头缩，眼闭，排水样或黄绿色、褐绿色、绿色带泡沫的稀粪，粪中有未消化的饲料，粪便恶臭，肛门附近羽毛有粪便污染，病鸽迅速消瘦，多在3～7天内死亡。

（2）内脏型：病鸽体内单一或多个脏器受损害，一般无特殊症状，严重时可见病鸽精神不振，呼吸困难，日渐消瘦，病情迅速恶化，病程也较短。

（3）关节型：当肠型进一步发展时，病原透过肠壁进入血流，形成败血症，再转到关节等其他部位而引起这些部位的炎症。关节发红、肿胀、发热、疼痛，机能障碍，在肢体关节尤其踝、肘关节更为多见和明显。病鸽为了减轻疼痛，常垂翅或提腿，以减轻患肢负重。

（4）神经型：病鸽因脑脊髓受损害而表现共济失调，头颈歪斜，或头部低下、后仰、侧扭等神经症状。

3.病变

（1）肠型：可见肠壁增厚，黏膜潮红，内含绿色或黄绿色、白色有泡沫的糊状内容物。泄殖腔黏膜潮红。患鸽消瘦，眼部深陷，皮肤干燥且不易剥离。

（2）内脏型：可见肝、肾、脾、心、胰腺等脏器有大头针至豆粒大的黄白色坏死结节。肝肿大，古铜色。心肌炎、心包炎或心包粘连，心脏冠状沟有针尖大出血点。有的病例可出现腹膜炎，脾有灰白色坏死灶。成年雌鸽可见卵巢萎缩，卵泡变性、变形，变成紫红色、紫色或黑色、黄绿色，内有干酪样物，雄鸽可见单侧睾丸发炎、肿大及局部坏死。

（3）关节型：可见患病关节温度升高，有柔软或坚实感，肿大，切开可见淡黄色炎症渗出物或干酪样物，关节面粗糙甚至粘连。

（4）神经型：仅表现脑脊髓充血、出血，不见其他脏器有病变。

（二）鉴别诊断

根据发病情况，多数是由环境不卫生、气候突变等管理不好，导致鸽子抵抗力降低才发病的。主要表现拉稀、肠壁肿胀，肝脏古铜色，内脏有坏死点，个别出现关节炎等，依据这些可做出诊断。应和鸽子白痢相区别。

（三）防治

1.预防

（1）应着重做好平时的防疫工作，加强饲养管理，搞好鸽场的环境卫生；不要从有本病的鸽场引入种鸽，必须引进时，应先隔离观察检疫，然后再进场；鸽群最好不要与家禽混养，也不能相邻饲养，以免引起其他疾病，带来不必要的麻烦。患过本病的雏鸽，不能留作种用，以防种蛋传递本病。

（2）发现病鸽要立即隔离，全场消毒，一般可用20%新鲜石灰乳消毒地板、鸽笼、粪便等，每天1次，至疫情停息再做一次全面大消毒。消毒药物可用1：400抗毒威或其他常用消毒药物。饮水、饲料和保健沙不要让病鸽粪便污染。药物治疗可以减少死亡，控制疾病的发展和传播，但不能彻底清除鸽体内的病原菌。

2.治疗 可选择下列药物，均有一定的疗效。

金霉素每只每天15毫克，分3次口服，连服4～5天；或以0.2%混于饲料中喂服5～7天。

每只每次15毫克，每天3次，连服4～5天；或以0.2%比例拌和饲料，均匀饲喂，连喂5～7天为一疗程。

2%环丙沙星预混剂50克，均匀拌入20千克饲料中喂服2～3天。

磺胺嘧啶加抗菌增效剂（5：1）按0.5%的比例混于饲料中，连用5天。

链霉素注射，每天2次，连续3天，第一天每只16万单位，以后每只每天5万～8万单位。

其他如庆大霉素、卡那霉素、乳酸诺氟沙星、呋拉沙星等可应用。

鸽大肠杆菌病

关键技术

诊断：本病诊断的关键是排黄白色或黄绿色稀粪，腹膜炎、脐炎、脑炎、输卵管炎、脏器的肉芽肿，病鸽死前头向后仰，抽搐而死。

防治：本病防治的关键是搞好环境卫生。常发病的鸽群可使用自场分离的大肠杆菌制备的灭活苗免疫接种。治疗可用土霉素、庆大霉素、氟哌酸等敏感药物，但本病易产生耐药性，必要时需做药敏实验。

鸽大肠杆菌病是由大肠埃希氏菌（通常称为大肠杆菌）引起的一类疾病，它包括大肠杆菌肉芽肿和大肠杆菌腹膜炎、滑膜炎、脐炎、脑炎、输卵管炎，还有大肠杆菌急性败血症。

本病病原是大肠杆菌，致病菌株有很多血清型，在家禽中最多的是O_2：K_1、O_{78}：K_{80}、O_1：$K_1$3个血清型。该菌抵抗力不强，常用的消毒药如石炭酸、福尔马林等的常用浓度作用5分钟均可将其杀死。

（一）诊断要点

1.流行情况　多见于家禽和鸟类，哺乳动物及人均可感染本病，鸽子也易得病。

大肠杆菌在自然界广泛存在，是肠道的正常栖居菌，许多菌株无致病性，而且有益，能合成维生素B、维生素K，供机体利用，并对许多病原菌有抑制作用。而有一部分菌株有致病性，或者平时不致病，在鸽子体质下降的情况下致病，通常从兽医角度所说的大肠杆菌，是指有致病性菌株而言，不包括有益的菌株。

感染途径多见于呼吸道，其次是消化道，也可通过蛋传递给后代。

2.症状和病变　潜伏期数小时至3天。常见的有以下几种类型。

（1）急性败血型：病鸽表现精神沉郁，食欲、渴欲降低或废绝，羽毛松乱，呆立一旁，流泪，流鼻涕，呼吸困难，排黄白色或黄绿色稀粪，全身衰竭。最急性病例突然死亡，有的临死前出现仰头、扭头等神经症状。死亡率较高，在日龄较低、饲养管理不善，治疗药物无效的情况下，死亡率可达50%以上。本型的病变为胸肌丰满、潮红，嗉囊内常充满食料，有特殊的臭味，有时见腹腔积液，液体透明、淡黄色。肠黏膜充血、出血，脾脏肿大，色泽变深。肛门周围有粪污。特征性的病变为心包、肝脏被膜及气囊有淡黄色或灰黄色纤维素性分泌物，肝的质地较坚实，有时呈古铜色变化。

（2）大肠杆菌性肉芽肿型：本型在慢性病例常见，表现为内脏器官的慢性炎症，鸽子的外表无特殊表现。肉眼变化是胸、腹腔、心脏、卵巢、输卵管等出现大小不等、近似枇杷状的增生物，有的呈弥漫性散布，有时则密集成团，灰白、红、紫红、黑红色不等，切开可见内容为干酪样物，各脏器为不同程度的炎症。尤其是心脏上的肉芽肿，与肿瘤十分相似。

其他类型均表现为局部感染如腹膜炎，一般以母鸽的卵黄性腹膜炎为多，以大肠杆菌破坏卵巢造成蛋黄落入腹腔而导致腹膜炎较为常见，腹水增多，腹腔内布满蛋黄凝固的碎块，使肠系膜、肠管相互粘连，卵巢中正在发育的卵泡充血、出血，有的萎缩坏死。又如脐炎，主要是大肠杆菌与其他病菌混合感染导致雏鸽脐带口红肿发炎。

（二）防治

1.预防 可接种多价苗或本场分离的大肠杆菌所制的菌苗。考虑到减少场内污染问题，若用菌苗，建议尽可能选用相应血清型的灭活大肠杆菌菌苗。其余的预防方法主要是做好平时的卫生防疫工作，加强饲养管理及定期投服预防药等。

2.治疗 本病可选用的药物很多，但大肠杆菌极易产生耐药性，是细菌中耐药问题比较突出的。

在众多药品中，先锋V号、先锋必、丁胺卡那霉素疗效比较理想，目前基本上还没有出现明显的耐药性。先锋霉素类成年鸽每只每次1万～2万单位，幼鸽每只每次0.5万～1万单位，肌肉注射，每天2次，连用2～3天。

丁胺卡那霉素成年鸽每只每次4～8毫克，肌肉注射，每天2次，连用2～3天；也可用卡那霉素，但效果远不如丁胺卡那霉素。二药均可饮水，按0.003%～0.012%浓度，连续供自由饮用2～4天。

有的场也使用庆大霉素，其优点是耐药菌株不多。

环丙沙星，效力属中上等，与氨苄青霉素混合饮水可协同增效，在目前这是比较适宜的。

其他药品如链霉素、多黏菌素、土霉素、强力霉素、氟苯尼考、复方新诺明等都可使用，但均应经过药敏试验。了解致病菌株对这些药品是否敏感，如果随意选用一种，不一定有理想疗效。

链霉素成年鸽每只每次20～40毫克，幼鸽每只每次10～25毫克，肌肉注射每天2次，连用2～3天；与青霉素每只每次2万～4万单位，合用能加强疗效。

多黏菌素B与多黏菌素E每天每只用0.8万～1万单位，1次肌肉注射或1天分2次口服，连用3～5天。本品与四环素、链霉素、氟苯尼考、甲氧苄氨嘧啶合用时均有协同作用。

四环素类抗生素（四环素、金霉素、土霉素、强力霉素）可按0.01%～0.06%混料；0.004%～0.008%饮水，连用2～4天。

氟苯尼考每只每次10～15毫克，肌肉注射，1天2次；或0.08%～0.1%饮水，连用2～3天。

鸽霉形体病

关键技术

诊断：本病诊断的关键是病鸽呼噜，甩头，咳嗽，流鼻液，眼部肿胀，有黏脓性分泌物，上下眼睑常被粘合。气囊混浊，增厚，有黄白色干酪样物，气管、支气管内有黏液，病程长，很少死亡。

防治：本病防治的关键是鸽舍要通风良好，冬季又要防寒保暖。药物中链霉素、红霉素、泰乐菌素等有较好的疗效。

鸽霉形体病是由致病的败血霉形体引起的，普遍存在于鸽群中的呼吸道传染病。其主要特征是病鸽有严重的呼吸道症状，如呼吸罗音、气囊炎。该病病程长，死亡率低。

本病的病原是鸡败血霉形体，是一类在生物学特性上介于细菌和病毒的病原体。常用的消毒剂可将其杀死；菌体对青霉素有抵抗力。

（一）诊断要点

1.流行特点 不同品种、年龄的鸽均可发生，主要侵害幼鸽，是普遍存在于鸽群中的、世界性分布的禽病。

经蛋传递是本病的主要传播途径。种鸽感染后可经种蛋传染后代，也可经蛋壳污染传给雏鸽。发病的母鸽所产的蛋，其带菌率很高，带菌的蛋孵出的雏鸽，本身就带病。也可通过亲鸽哺喂鸽乳将病原传给子鸽。带病的乳鸽若留种出场，本病就很快向外传播。

通过呼吸道传播本病是又一主要的传播方式，健鸽与患鸽直接接触可以感染，通过呼吸道吸入含病原体的空气也可患病。

本病一年四季都有流行，没有季节性，但以寒冷及梅雨季节较为严重。当寒冷季节、鸽舍空气污浊、通风不良时多发生。本病发病率高，病程长，但死亡率低。集约化饲养的鸽场，幼鸽最易感染本病，病情也较严重，生长发育明显受阻，饲养期拖长，胴体质量下降，残次率和死亡率都增加；幼鸽感染后，病情有轻有重，病鸽日趋消瘦，影响留种；成鸽感染后，病情较轻，多数可以自然康复，但成为带菌者。

2.症状 潜伏期1～2周。病初类似感冒，精神不振，有呼吸罗音，夜间更为显著，初期流出水样鼻涕；中期为浆液性或黏液性，鼻孔周围和颈部羽毛常被沾污粘结；后期分泌物常堵塞鼻孔，常打喷嚏，颜面肿胀，鼻瘤原有的灰色粉脂变得污秽；眼睛流泪，一侧或两侧眼睛肿胀、发炎，或眼角积有豆腐渣样渗出物，上下眼睑常被粘合，眼球受到压迫、损害，甚至眼球突出，以至失明。

病鸽有咳嗽、甩头、呼吸困难等症状，尤其是夜间常发出“咯咯”声和喘鸣声。病鸽发育不良，逐渐消瘦，最后因衰竭或被气管内多量的痰液堵塞而死。食欲、体重和繁殖力降低，患鸽饮食明显减退，羽毛松乱，多不引起死亡。但与其他病如大肠杆菌合并发生，常使本病暴发，导致严重死亡。病鸽多呈慢性经过，病程较长。

3.病变 典型的病变是鼻、气管、支气管黏膜潮红、增厚，并有浆液性、脓性或干酪样分泌物，气囊混浊、增厚，有大量黄白色干酪样物，可遍及胸腹部所有气囊。一些病程长的病例，还可出现滑膜肿胀、关节炎，内含混浊的液体或干酪样物。如与大肠杆菌病合并发生，病鸽呈纤维素性气囊炎、肝周炎、心包炎，常导致死亡。

（二）鉴别诊断

本病与鸟疫、曲霉菌病、鸽传染性鼻炎有相似之处，应注意鉴别。

1.鸟疫 鸽霉形体病极少呈现急性发病过程，很少发生死亡。然而幼鸽患鸟疫则死亡率很高，这两种病常同时发生，有时很难区别。

2.鸽曲霉菌病 亦同样会引起呼吸困难，但患曲霉菌病的鸽没有炎症表现，如气管和气囊的变化。

3.传染性鼻炎 鼻腔、鼻窦、眶下窦常积蓄大量的干酪样物，而气囊病变轻微。本病的病变主要集中在气囊及气管。

（三）防治

1.预防 平时要做好净化鸽群的工作，做好种鸽蛋的消毒，杜绝传染至关重要；对鸽舍环境及工具的彻底消毒，也是不能忽视的主要环节；同时必须加强饲养管理，供给足够的营养，提高机体上呼吸道的抗病能力，尽量减少应激因素等。

定期进行环境消毒，定期投药预防，加强饲养管理，增强鸽的体质，提高鸽的抗病力；舍内的饲养密度要适中，通风一定要好，但要注意防寒保暖。

注意种用鸽的自繁自养，一定要引入种鸽时，也应先隔离观察，证明无病者方可合群饲养或配对；要避免与鸡同场饲养，因该病在鸡场相当普遍，严防由鸡传播本病。

2.治疗 可用的药物较多，但不易根治，痊愈鸽常复发。故主要靠平时搞好预防工作。

链霉素对本病有较好疗效，如遇到耐药菌株则疗效不够理想。肌肉注射每千克体重10万单位，连注2～3天；口服每只每次5万～20万单位，效力比注射差。

红霉素按0.02%比例饮水连用4～6天。

泰乐菌素0.05%～0.08%浓度饮水，连用3天；拌料以0.02%～0.05%，连用3天；肌肉注射按每千克体重15～25毫克；也可喷雾按每平方米鸽舍用50毫克或0.01%～0.02%水溶液，一日1～2次。

土霉素按0.04%～0.1%浓度拌料，连用4～6天。

庆大霉素肌肉注射，按每千克体重2万～4万单位，每天1次，连用2～3天。

四环素或金霉素口服任何一种，每只每次0.1克，每天2次，连用4～6天。

环丙沙星、恩诺杀星对慢性呼吸道病及混合感染效力较好，饮水浓度应达0.007%，即每100千克饮水加纯品7克，连饮3～5天；如能与氨苄青霉素6克加水50千克混饮，可协同增效。

鸽鸟疫

关键技术

诊断：本病诊断的关键是雏鸽多发，表现结膜炎，眼睑肿胀，震颤，鼻炎，排黄绿色稀粪，肝脾肿大有坏死灶，纤维素性心包炎，气囊炎，肝周炎，逐渐衰弱、消瘦。

防治：本病防治的关键是保持鸽舍内清洁卫生，避免病原随尘埃传播。定期预防性用药，药物中氟苯尼考、四环素、红霉素、金霉素、泰乐菌素等有较好疗效。

本病是由鸟疫衣原体引起的，又名鸟疫衣原体病、鹦鹉热，是以结膜炎、排硫磺样稀粪、肝脾肿大、纤维素性心包炎、气囊炎、肝周炎和浆膜炎为特征的禽类高度接触性传染病。

鸟疫衣原体，只能在活的细胞内生长，而不能在无生命的培养基上繁殖。此病原对一般的消毒药抵抗力不强，庆大霉素、链霉素、万古霉素、卡那霉素、新生霉素及磺胺嘧啶等对它不起作用，煤酚类化合物及石灰没有消毒作用。

（一）诊断要点

1.流行特点 本病首次发现于人，随着养禽业的不断发展，在一些国家已日益成为对饲养管理人员有严重威胁的职业病。受感染的人表现为沙眼病、结膜炎、关节炎、尿道炎。

本病除对养火鸡、鸭造成较大的损失外，对其他家禽通常不会导致严重的危害。在禽类中，幼龄的比成年的易感性大，鸽也可感染得病。感染途径主要是呼吸道。吸血昆虫如蚊、螨、虱等可起机械传播作用，但不会经蛋传递。

2.临床症状 重度感染的鸽表现精神不振，震颤，鼻炎，呼吸困难，呼吸时有罗音。流黏液或脓性鼻汁，鼻孔外常形成脓性结痂。眼结膜炎（常为单侧性），眼睑肿胀，流泪或有眼屎。排黄、绿色黏性粪便。病程较长，病鸽逐渐衰弱、消瘦以至死亡。

轻度感染时症状缓和或不明显。

3.病变 急性型的病鸽，可见气囊增厚、混浊，上有多量的分泌物。腹腔浆膜有渗出物，有时肝包膜、心外膜呈纤维素性炎症。肝肿大、质脆，变成土黄色。脾肿大数倍。肝脾有时出现灰色或黄色针尖至米粒大的坏死灶。肠道表现卡他性炎症，泄殖腔内尿酸盐增多，为蓄积的石灰样粪便。

（二）鉴别诊断

本病应注意与有眼部炎症的鸽痘、大肠杆菌性全眼球炎、曲霉菌性眼炎、维生素A缺乏症、眼线虫病等疾病鉴别。

1.鸽痘 眼睛边缘出现痘疹或结膜炎，但其他部位如喉头也会出现干酪物堵塞。头部的皮肤也会出现痘疹。

2.大肠杆菌 眼球炎为化脓性的，同时内脏也会出现如肝周炎、心包炎等。

3.曲霉菌性眼炎 除了眼部的症状外，气囊和肺会出现霉菌性结节。

4.维生素A缺乏症 眼睛干燥，无黏脓性分泌物变化。

（三）防治

本病的预防，主要是杜绝传染来源，不引进带病的鸽子。此外，还应定期检查及预防性用药。舍内宜保持适当的湿度，避免病原随尘埃传播。

药物中金霉素对本病有较好疗效。金霉素的用量：以饲料中含量0.5%或饮水中浓度0.25%，一连4天投药。对个别严重的病例，可按每千克体重100～120毫克逐只喂服，预防量可减半。氟苯尼考、四环素类抗生素也有较好疗效。

葡萄球菌病

关键技术

诊断： 本病诊断的关键是烂皮、关节炎、脐炎、胸囊肿、脚垫肿、翅尖和趾尖坏疽等，呈败血症急性死亡。

防治： 本病防治的关键是注意地面、栖架的平整性，防止划伤感染。搞好鸽舍卫生，定期消毒。治疗时药物可选用青霉素、庆大霉素、红霉素等，均有较好疗效。

葡萄球菌病是一种急性或慢性的散发性传染病，受感染的鸽与其他家禽一样，有多种表现类型：呈败血症、烂皮、胸囊肿和脚垫肿、关节炎、脐炎、翅尖和趾尖坏疽等，也可引起呼吸道症状。

本病病原是致病力强的葡萄球菌。此菌广泛存在于土壤、水和空气中及动物、人的皮肤、黏膜上，煮沸可使之迅速死亡。

（一）诊断要点

1.流行特点 本病在家畜、家禽及人中均可发生。笼养的鸽，尤其是密度大、笼具或栖架上有毛刺时，容易划伤鸽的皮肤，就极易发生本病。此菌广泛存在于土壤、水和空气中及动物、人的皮肤、黏膜上。可通过多种途径感染，尤其是伤口。

2.症状与病变 本病的类型较多，现介绍常见的几种。

（1）葡萄球菌败血症：本型较为普遍，一般幼龄鸽较为多见。病鸽精神沉郁，食欲不振或废绝，渴欲增加，排水样粪便。主要病变是肌肉出血，以胸肌和腿肌常见。

（2）烂皮型（浮肿性皮炎）：除有精神、食欲不振等一般性症状外，最为突出的是在病鸽体表，特别是胸、背、腹部及翅部的皮下有浮肿，患部有波动感和温度升高，严重的发生溃烂，皮下有紫红色渗出物，有腐臭味。病鸽可在2～3天内死亡，常是由损伤的皮肤受感染所致。

（3）胸囊肿与脚垫肿：被病原污染的木栖架、场舍地面过于不平，粗糙笼网的金属刺，湿度过高，卫生状况不良，均有助于疾病的发生。因为这样的条件易造成鸽胸部及脚垫损伤而为病原感染打开门户，从而引起这些部位发炎、肿胀、化脓，局部温度升高，有痛感和波动感。患部切口有腐臭的脓液或红棕色、棕色液体，也可形成干酪样物。病鸽不愿俯卧，也不愿行走。如单脚患病，则出现单脚负重站立或单脚步跳的症状。

（4）关节炎：是由于病原感染关节组织而引起的。患部发炎、肿胀、发热、疼痛，行走困难，甚至不能采食。

（5）脐炎：多是刚出壳的雏鸽，脐口还没有愈合好就被感染。感染的脐口发红、肿胀，皮下有红色渗出，周围的羽毛极易脱落。

（6）翅尖和趾尖坏死：多见于感染后未死的鸽，翅膀尖部或趾尖坏死、变黑，时间久后则变干涸并逐渐脱落。

（二）防治

1.预防　主要注意地面、栖架的平整性，除去金属网的外露刺，搞好平时的饲养管理和清洁卫生，以消除病原，增强体质，提高鸽体的抵抗力。

2.治疗　青霉素，按每千克体重6万～8万单位，一次肌肉注射，每天1次，连续2～3天。庆大霉素，按每千克体重2万～4万单位，一次肌肉注射，每天1次，连续2～3天。

此外，四环素类抗生素及其他的广谱抗生素均可选用。

链球菌病

关键技术

诊断：本病诊断的关键是病鸽表现体温高，昏睡，持续性拉黄绿色下痢，皮下、全身浆膜水肿、出血。心包腔、腹腔有红色渗出物，心外膜出血，肝包膜炎、脂肪变性和有灰黄色坏死灶，龙骨部皮下有血样液体。

防治：本病防治的关键是搞好鸽舍卫生。治疗可用青霉素、红霉素、新生霉素、四环素、林可霉素、呋喃类及磺胺类药物等，但对慢性病例宜考虑淘汰。

链球菌病又叫睡眠病，是世界性分布的禽类急性或慢性传染病，以昏睡、持续性黄绿色下痢及皮下、全身浆膜水肿、出血为特征。

病原是粪链球菌和禽类链球菌，两者均有致病力，但最多见的是禽类链球菌。本菌在自然界如土壤、尘埃、粪便中广泛存在。抵抗力不强，一般的消毒药均可以杀死。

（一）诊断要点

1.流行特点　不分年龄、品种均可发生，也无明显的季节性。该病的传播主要通过口腔和空气传播，也可通过损伤的皮肤和黏膜感染。本病的发生往往同一定的应激因素有关，如气候的变化、温度偏低、潮湿拥挤、饲养管理不当等，都可成为本病发生的诱因。

2.症状　根据病禽的临诊表现，分为急性和亚急性或慢性两种病型。

（1）急性型：主要表现为败血症。突然发病，病禽精神委顿，昏睡状，食欲下降或废绝，羽毛松乱，无光泽，脸部发紫或变苍白，有时还见肉髯肿大，病鸽腹泻，排出淡黄色或灰绿色稀粪。成年鸽产蛋下降或停止。急性病程1～5天。

（2）亚急性或慢性型：病程较缓慢，病鸽精神差，食欲减退，喜蹲伏，头藏于翅下或背部羽毛中。体重下降，消瘦，跛行，头部震颤，或仰于背部，嘴朝天，部分病鸽腿部轻瘫，站不起来。有的病鸽发生眼炎和角膜炎。眼结膜发炎，肿胀，流泪，有纤维蛋白性分泌物，重者可造成失明。成年鸽多见关节肿大（跗关节或趾关节），不愿走动，跛行，足底皮肤和组织坏死。部分病鸽出现神经症状，阵发性转圈运动，角弓反张，或出现翅和足麻痹。有的病鸽见羽翅发炎、肿胀，有渗出物。

3.病变　剖检主要呈现败血症变化。皮下、浆膜及肌肉水肿，心包内及腹腔有浆液性、出血性或浆液纤维素性渗出物。心冠状沟及心外膜出血。肝脏肿大、淤血，暗紫色，见出血点和坏死点，有时见有肝周炎。

脾脏肿大，呈圆球状，或有出血和坏死。肺淤血或水肿，有的病例喉头有干酪样粟粒大小坏死，气管和支气管黏膜充血，有黏性分泌物。肾肿大。有的病例发生气囊炎，气囊增厚混浊。有的见肌肉出血。多数病例见有卵黄性腹膜炎及卡他性肠炎。少数腺胃出血或肌胃角质膜糜烂。慢性病例，主要是纤维素性关节炎、腱鞘炎、输卵管炎和卵黄性腹膜炎、纤维素性心包炎、肝周炎。实质器官（肝、脾、心肌）发生炎症、变性、坏死。

（二）鉴别诊断

本病与其他细菌性疾病相似，容易和葡萄球菌病、大肠杆菌病和禽霍乱混淆。但都有自己的发病特征。急性病例应和禽衣原体病及大肠杆菌败血症加以区别。这两种病没有皮下、肌肉水肿。

（三）防治

1.预防　平时要加强饲养管理，精心饲养，减少应激因素的发生，并做好其他疫病的预防接种和防治工作，认真贯彻兽医卫生措施，提高鸽群的抗病能力。

2.治疗　链球菌对青霉素、氨苄青霉素、红霉素、新霉素、庆大霉素、卡那霉素等均很敏感，林可霉素、呋喃类及磺胺类也可使用，通过口服或注射，连续使用4～5天，即可控制该病的流行。

在治疗期间应加强饲养管理，消除应激因素，搞好综合卫生防疫措施，可迅速控制疫情，收到满意的效果。

鸽丹毒

关键技术

诊断：本病诊断的关键是病鸽头部肿胀，黄绿色下痢。脱水、消瘦、贫血。全身器官尤其是胸腹及腿部肌肉有出血斑，胸膜、心内、外膜、肺、肾包膜下有出血斑。肝、脾肿胀，质脆，有出血斑点。

防治：本病防治的关键是隔离饲养，定期消毒，预防用药。治疗可用青霉素、红霉素、乙酰螺旋霉素等。

丹毒是一种世界性分布的，以鸽、火鸡和鸭最易感的多种禽类的散发性败血症，其他动物如鱼类均可感染，人可引起局部性炎症，甚至全身性症状。

本病病原是丹毒杆菌，本菌对消毒药的抵抗力不强，对热的抵抗力很低，一般的消毒药都可以杀死本菌。但对新霉素、磺胺类药物、呋喃类药物及四环素一概不敏感。

（一）诊断要点

1.流行特点 传染源是病鸽、带菌鸽及其他禽类。用带菌的鱼粉、其他动物体制成的骨肉粉喂鸽，也可能发生本病。感染途径是消化道及损伤的皮肤。吸血昆虫可机械传播。

2.症状 病鸽精神委顿，食欲不振，呼吸困难，头部肿胀，或有黄绿色下痢。慢性的出现脱水、渐进性消瘦、贫血及衰弱。病鸽多数死亡。

3.病变 病鸽呈现典型的败血症变化，其特征是全身性器官尤其是胸腹及腿部肌肉有出血斑，胸膜、心内、外膜、肺、肾包膜下有出血斑。肝、脾肿胀，质脆，有出血斑点。大腿前缘组织发生脂肪变性。

有的病例还可见出血性肠炎。腺胃、肌胃壁增厚，黏膜出血、坏死甚至溃疡。胰腺常有界线明显的玫瑰红区。皮肤、肉髯呈青紫色斑块，变厚变硬，表皮可见有皮革状粗糙的条样外观。

（二）防治

养鸽场地严格隔离饲养。场外人员不可进入生产区，以隔绝传染。发现病鸽应及时治疗，或做淘汰处理，进行全场性消毒和全群性预防用药，以防引起更大的损失。

治疗时可选用下列药物，青霉素，按每千克体重6万～8万单位，肌肉注射，每天1次，连续2～3天。也可溶于饮水中连续4～6天全天供饮。

红霉素，按每千克体重200～250毫克的量混于饮水中供全天饮用，连续3～5天。

乙酰螺旋霉素，按每千克体重60～100毫克喂服，每天2次，连续3～5天。

溃疡性肠炎

关键技术

诊断： 本病诊断的关键是病鸽拱背，排出有黏液的黄绿色或淡红色稀便，具有一种特殊的恶臭味。肝脏肿大，表面有坏死灶。肠道的病变具特征性：十二指肠肠壁增厚，黏膜上为不规则的块状坏死，周围有一圈暗红色晕轮，从肠壁外就能看到。

防治： 本病防治的关键是加强消毒。治疗可用青霉素、杆菌肽、链霉素等。

溃疡性肠炎是鸽的一种急性细菌性传染病，除鸽外其他多种禽类也可发生，以发病突然，死亡剧增，白色下痢，肠道发炎、坏死、溃疡为特征。

本病病原是肠梭菌，本菌对人工培养基的要求较苛刻，严格厌氧。该菌抵抗力很强，可以耐煮沸3分钟。因其具有芽孢，故对理化因素有较强的抵抗力。但对青霉素、四环素及杆菌肽敏感。

（一）诊断要点

病鸽拱背，排出的粪便为带有黏液的黄绿色或淡红色稀便，具有一种特殊的恶臭味。

肠道的病变是本病的特征性变化，十二指肠肠壁增厚，黏膜明显发黑并有出血，黏膜上为不规则的块状坏死，其上附有糠麸样坏死物，周围有一圈暗红色晕轮，从肠壁外就能看到。盲肠也有溃疡，可见溃疡凹陷中心覆盖有不易剥落的黑色物。

病程稍长的整个肠道发生炎症、坏死及溃疡，溃疡灶的边缘出血，或有融合性坏死性伪膜溃疡灶可发展至肠壁穿孔，导致腹膜炎。

（二）防治

1.预防 因本病病原具有芽孢，对外界有极强的抵抗力，故鸽场一旦发生本病，以后便连续不断，难于彻底扑灭。预防工作以杜绝传染源传入为主，如经常更换垫料，定期严格消毒。必要时可预防给药。再结合其他的相应防疫措施，防止本病的发生。

如鸽群中已出现此病，应立即将病鸽隔离治疗或干脆淘汰，随之进行全场或全群性连续投药，彻底清扫和消毒，鸽粪、垫料及其他污染物应清除，并做无害化处理。

2.治疗

青霉素：按每千克体重4万～8万单位肌肉注射，每天1次，连用3～5天。
杆菌肽：按每千克体重1 000单位，1天分3～4次肌肉注射，连用3～5天。
氟苯尼考：按0.05%～0.08%混入饲料，连续喂25天。
链霉素：按千克体重20～40毫克的量，1次肌肉注射，每天1次，3～4天。

坏死性肠炎

关键技术

诊断：本病诊断的关键是排出黑色或混有血液的粪便，腹腔有尸腐臭味。小肠的中后段黏膜弥漫性坏死，内容物呈泡沫状液体，颜色为血样或黑绿色如煤焦油状。

防治：本病防治的关键是经常更换垫料，定期严格消毒。治疗可用青霉素、杆菌肽、氟苯尼考、链霉素等。

坏死性肠炎是魏氏梭菌感染鸽及禽类的一种传染病。本病的特征是小肠后段黏膜坏死、排带血的黑色粪便。

本病病原是魏氏梭菌，又称产气荚膜梭菌。本菌广泛存在于自然界，土壤、污水、饲料和蔬菜中均易分离到。本菌不能在肠道中生长繁殖，只能在肠道黏膜损伤的情况下，才能侵入肠黏膜内生长繁殖引起发病。

（一）诊断要点

1.流行特点　自然条件下鸡较多发生，鸽有时也发病。一年四季均可发生，但在炎热潮湿的季节多发。该病的发生多有明显的诱因，如密度大，通风不良，饲料的突然更换且饲料蛋白含量低；不合理地使用药物添加剂，球虫病的发生等均可诱发本病。一般情况下该病的发病率、死亡率不高。

2.症状　此病常突然发生，病鸽往往没有明显症状就突然死亡。病程稍长可见精神沉郁，羽毛粗乱，食欲不振或废绝，排出黑色或混有血液的粪便。一般情况下发病的较少，如治疗及时1～2周即告停息。死亡率2%～3%，如有并发症或管理混乱则死亡明显增加。

3.病变 新鲜病尸打开腹腔后即可闻到一般疾病少有的尸腐臭味。最典型的变化在肠道，尤以小肠的中后1／3段黏膜呈弥漫性坏死最为明显。肠道表面呈污灰黑色或污黑绿色，肠腔内容物呈液体，有泡沫，为血样或黑绿色如煤焦油状。肠壁有出血点，黏膜坏死，呈大小不等、形状不一的麸皮样坏死灶。有的形成伪膜，易剥脱。肝脏肿大、出血，肝表面有界限明显的灰黄色坏死灶。

（二）鉴别诊断

本病引起的肠道坏死、出血及肝脾的变化与溃疡性肠炎、球虫病、组织滴虫病（黑头病）易混淆，应加以区别。

1.坏死性肠炎 突然发病，急性死亡，排褐色便或血便。小肠胀满，肠壁菲薄；肠黏膜脱落，形成假膜；肠内容物呈血样乃至煤焦油样，肝有坏死灶。

2.溃疡性肠炎 突然发病，排乳白色稀便，十二指肠至盲肠有点状出血乃至溃疡灶；肝有坏死灶。

3.球虫病 多呈慢性经过，血便、黏液便、下痢便血，肠壁肥厚、出血；肠内容物多有血液和黏液。

4.黑头病 排黄色稀便，盲肠糜烂、溃疡、凝块，两根盲肠硬如香肠；肝密布坏死灶。

（三）防治

1.预防 预防工作以杜绝传染源传入为主，如经常更换垫料，定期严格消毒。必要时可预防给药。再结合其他的相应防疫措施，防止本病的发生。

如鸽群中已出现此病，应立即将病鸽隔离治疗或干脆淘汰，随之进行全场或全群性连续投药，彻底清扫和消毒，鸽粪、垫料及其他污染物应清除，并做无害化处理。

2.治疗 同“溃疡性肠炎”。

鸽结核病

关键技术

诊断：本病诊断的关键是病鸽消瘦，食少神呆，结核侵害的部位不同，会出现不同的症状。结核结节呈单个或呈弥漫性多发，结节中心呈黄白色干酪样坏死，结节周围有一层纤维素性包囊，但很少发生钙化。

防治：本病防治的关键是淘汰阳性鸽和病鸽，不主张治疗。

结核病是由禽结核杆菌引起的一种慢性的渐进性传染病。感染的鸽表现为日渐消瘦、产蛋量下降，最终衰竭死亡等特征，虽发病率不高，但也很常见。

本病原是禽结核杆菌。该菌对常用的抗生素如青霉素、磺胺等药物具有抵抗力，对链霉素、异烟肼、对氨基水杨酸等药物敏感，对碱的抵抗力也特别强。本菌的抵抗力很强，在粪便、土壤中能存活7～12个月，在掩埋的尸体中能保存3～12个月。

（一）诊断要点

1.流行特点　各种禽类都可感染，各种野鸟也可感染，常是传播本病的重要来源。该病的传染源主要是患禽。病菌从粪便排出，也可经呼吸道排出。主要经消化道和呼吸道感染，经口腔黏膜和皮肤的创伤也可感染。关于本病是否垂直传播问题还没有定论。

2.症状　潜伏期长短不等，一个月或几个月。

病鸽初期无明显的临床症状，呈慢性经过，随病情的发展，在临床上可见到精神差，食欲不振至食欲废绝，被毛粗乱、蓬松、无光泽，不愿活动，呆立，缩颈似睡，面部苍白，渐进性消瘦，产蛋下降甚至停产。

结核侵害的部位不同，则会出现不同的症状，如肠道结核时，会出现顽固性腹泻，最后衰竭死亡。关节出现结核时，出现跛行或翅膀下垂。肺结核时，鸽子呼吸困难，咳嗽等。

3.病变　剖检的特征变化是贫血、消瘦和在内脏器官上出现黄色干酪样结节，皮下和腹腔脂肪耗尽。结核结节呈单个或呈弥漫性多发，切开结节可见内容物呈黄白色干酪样坏死，结节周围有一层纤维素性包囊，通常不发生钙化。

肝、脾是常发器官，肝脏肿大，灰黄色或黄褐色，质地坚实，有大小不等、数量不一的结节，结节大小可从大头针帽、粟粒大到豌豆大，甚至鸽蛋大。结节少则数个，多则布满于肝脏，甚至肝脏被结核结节代替，切开可见干酪样坏死。脾脏肿大2～3倍，表面凹凸不平，有蚕豆粒大小灰黄色结节，失去原来的外形，脾实质萎缩，结节内为干酪样坏死物。

肠系膜结核时形成典型的“珍珠病”，即在肠系膜上形成密布的如绿豆大小的结核结节。

严重时，肺、卵巢、腹壁、肾、嗉囊、食道、心包和气囊等器官也可见到结核病灶。有的病例骨髓也受到侵害。

（二）鉴别诊断

本病形成的内脏结节，尤其是肠浆膜或肠系膜上的结核结节，应注意与大肠杆菌的慢性病例形成的肉芽肿相区别。肉芽肿是局部变性、坏死形成的较硬的组织，与周围无明显界限，也缺乏如结核样的明显的包囊。

（三）防治

该病的防治措施是定期进行血清学试验，淘汰阳性鸽，做好隔离消毒工作。国外已在研究活的或灭活的结核杆菌疫苗，但其免疫效力还需要进一步的试验研究。

通常不用抗结核病的药物治疗，因为禽类结核病的治疗价值不大。病鸽应捕杀，以保障未感染鸽受感染。

疏螺旋体病

关键技术

诊断：本病诊断的关键是鸽有腹泻，粪便呈3层：外层为浆液，中层为绿色，内层有白色块状物。病后期明显贫血并有黄疸，体温持续升高。脾脏明显肿大、淤斑状出血。肝脏肿大，有出血点和坏死灶。

防治：本病防治的关键是消灭蜱。采用喷洒、药浴方法消灭鸽体上的蜱和舍内外的蜱。在本病流行地区，可试制本场疫苗进行免疫。治疗时可选用青霉素、卡那霉素、链霉素、土霉素、氟苯尼考等。

鸽疏螺旋体病是由疏螺旋体引起禽类的一种急性、热性传染病。本病发病率较高，致死率不高。

本病病原为疏螺旋体，其形态细长，有疏松排列的5～8个螺旋，能在鸡胚上生长繁殖，也可在含有血清的肉渣培养基上生长。在体外的螺旋体抵抗力不强，对一般的消毒药、青霉素、土霉素均较敏感。

（一）诊断要点

1.流行特点　各种年龄的禽都易感，但老者抵抗力较强。3周龄以内的幼禽最易感。蜱是螺旋体的主要宿主，是重要的传播媒介。也可通过媒介昆虫直接传播，此时粪便是主要的传递因素。毒力强的螺旋体可直接穿透完整的皮肤进入体内，而不必经消化道进入。一般发病率为10%～100%，死亡率和感染量与鸽的年龄相关，幼龄鸽的死亡率最高，可达100%。

2.症状　本病的潜伏期一般为5～9天。

表现为突然发病，体温明显升高，达43.3℃，食欲减退或废绝。腹泻，排出粪便呈浆液性，且分为3层：外层为浆液，中层为绿色，内层有白色块状物。病后期明显贫血并有黄疸。

临诊上依症状轻重分为三型。

（1）急性型：来势凶猛病情重、体温高，此时血液中可见到较多螺旋体，病鸽很快死亡。

（2）亚急性型：本病大多数属亚急性型经过，最大特点是体温曲线呈弛张热型，螺旋体随体温升高在体内长时间存留。

（3）一过型：本型病例较少见，只见发热、厌食，1～2天后体温恢复正常，血中螺旋体消失，常不治自愈。

3.病变　主要病理变化为脾脏明显肿大，呈淤斑状出血，外观如斑点状。肝脏肿大，有出血点和坏死灶。有时见肾脏肿大。肠道为卡他性肠炎。

（二）防治

1.预防 主要是消灭该病的传播媒介——蜱。除采用喷洒、药浴方法消灭鸽体上的蜱外，还应注意消灭在禽舍内外栖息的蜱。此外，加强饲养管理，增强家禽抵抗力，特别是对引进禽只做好检疫，是预防本病不可忽视的问题。

在本病流行地区，可试制本场疫苗，即用感染鸽的血液、组织，进行研磨匀浆后，经福尔马林灭活即可使用。注苗后10天产生抗体，该苗安全、有效。但免疫期短，而且只能防止发病，不能消除感染禽的带菌、排菌状态。

2.治疗

青霉素每只每次2万～3万单位，肌肉注射，每天2次，连用3天。

卡那霉素、链霉素每千克体重1万～2万单位肌肉注射，连用3天。

土霉素按0.5%拌料，连喂3～5天。

氟苯尼考每千克体重20毫克，肌肉注射，每天2次，连用3天。

肉毒梭菌中毒

关键技术

诊断：本病诊断的关键是采食腐败动植物1～2小时至1～2天后出现症状。

防治：本病防治的关键是要注意饲料卫生，不吃腐败的肉、鱼粉、蔬菜和死禽。

肉毒梭菌中毒是由于吃了肉毒梭菌的毒素所引起的食物中毒性疾病，主要特征是全身肌肉发生麻痹，头颈震颤，伸直无力。人和家畜也可发生该病。

本病病原是肉毒梭菌产生的一种外毒素。细菌在适宜的环境中能产生并释放外毒素。肉毒梭菌毒素是已知的毒力最强的神经毒。毒素较耐热，在液体中100℃经15～20分钟，固体中2小时才被破坏，尤其耐酸。

（一）诊断要点

1.流行特点 许多禽类都可以发生肉毒中毒。该菌是自然界的常在菌。该菌在缺氧条件下如在缺氧的死鱼、烂虾及饲料中生长就可产生毒素，鸽采食了这些含有毒素的物质后，就可以中毒。本病在温暖潮湿的季节最易发生。

2.症状 本病潜伏期长短不一，一般于采食腐败动植物1～2小时至1～2天后出现症状。

采食高剂量毒素时，在数小时内发病，剂量小时发生麻痹的时间一般为1～2天。

临诊症状主要表现为突然发病，无精神、打瞌睡，头颈、腿、眼睑、翅膀等发生麻痹，麻痹现象从腿部开始，扩散到翅、颈和眼睑。病鸽呆立、伏卧，驱赶时跛行，翅下垂，羽毛松乱，容易脱落。重症的头颈伸直，平铺地面，不能抬起，表明颈部麻痹，同时颈部震颤，因此本病又称软颈病。

病禽表现腹泻，排出绿色稀粪，稀粪中含有多量的尿酸盐，病后期由于心脏和呼吸衰竭而死亡。本病的死亡率与食入的毒素量有关，重症通常几个小时内死亡；轻者则可能耐过，病程3～4天，若延至1周，可以恢复。

3.病变 尸体剖检，可见整个肠道充血、出血，尤以十二指肠最严重，喉头和气管内有少量灰黄色带泡沫的黏液，咽喉和肺部有不同程度的出血点，其他脏器无明显变化。

但多数人认为，本病缺乏肉眼可见的病变。

（二）鉴别诊断

肉毒梭菌中毒的症状是颈、腿、翅的麻痹。这容易与马立克氏病、脑脊髓炎和新城疫病相混淆。

由叶酸缺乏症或抗球虫药药物中毒引起的肌肉麻痹，尤其是叶酸缺乏症和本病极其相似，但叶酸缺乏症不出现震颤现象，可以区别。

（三）防治

1.预防 本病是一种毒素中毒病，要着重清除环境中肉毒梭菌及其毒素来源。要注意饲料卫生，不吃腐败的肉、鱼粉、蔬菜和死禽。

在疫区及时清除污染的垫料和粪便，并用次氯酸或福尔马林彻底消毒，以减少环境中的肉毒梭菌芽孢的含量。芽孢存在于禽舍周围的土壤中，很易被带回禽舍内。所以对禽舍周围要进行消毒。灭蝇以减少蛆的数目，对本病的预防也有所裨益。

一旦暴发流行本病，饲喂低能量饲料可降低死亡率。

2.治疗 本病尚无有效药物治疗，只能对症治疗。据测定肉毒梭菌在体外对13种抗生素敏感，但抗生素对毒素无效。

中毒较轻的可内服硫酸钠或高锰酸钾水洗胃，有一定效果。

饮5%～7%硫酸镁，结合饮用链霉素糖水有一定疗效。

抗生素中杆菌肽（100克／吨饲料）、链霉素（1克／升饮水）以及定期使用氟苯尼考均可降低死亡率。为加速有毒肠内容物的排出，可在饲料中添加泻盐进行大群治疗。个别治疗时，每只鸽可喂给25毫克蓖麻油。

鸽念珠菌病

关键技术

诊断：本病诊断的关键是病鸽咳嗽，呼吸困难。口腔的上腭、食道和嗉囊，形成白点状溃疡、糜烂，形成一种白色的如毛巾样的假膜和溃疡。有时这些病变可蔓延至腺胃和肌胃。

防治：本病防治的关键是严禁使用发霉饲料，定期消毒。治疗时先用1%明矾水洗去口腔内的伪膜，再涂碘甘油或撒少量青霉素粉。同时服药治疗，用制霉菌素、克霉唑、曲古霉素等药物。

本病又称鹅口疮，也称霉菌性口炎、消化道真菌病和白色念球菌病，是由白色念球菌引起的皮肤、黏膜或脏器感染的鸽的真菌性传染病，是鸽的散发性常见病。病鸽以咽喉部形成黄白色干酪样物为特征。

本病病原是白色念珠菌，也是鹅口疮的病原，属真菌。念珠菌为条件性致病菌，以内源性感染为主，该菌在自然界广泛存在，在患鸽的消化道及粪便中都有此菌。它广泛存在于鸽、其他家禽的嗉囊、家畜和人的皮肤和黏膜上，可经消化道、呼吸道和直接接触等途径感染。

（一）诊断要点

1. 流行特点 本病经消化道传播。带菌的亲鸽通过鸽乳将病原菌传给乳鸽，另外患鸽排出的粪便以及被污染的饮料和水，也会对健康鸽造成感染。同时本病的传染常与鸽舍的潮湿和肮脏有关，发霉饲料、不卫生的水，以及饲养管理不良或某些应激，可引起突然暴发，造成大批死亡。

幼鸽和成年鸽都易感染本病，尤以2周龄至2月龄内的鸽多见。刚离开亲鸽的童鸽感染后病情最严重，成鸽感染后症状不明显，成为隐性带菌者。本病在流行上的另一个特点是常与毛滴虫合并感染，务请诊断时注意。

2.症状 病鸽初期表现呆滞，羽毛松乱，缩头闭目，行动迟缓或不愿行动。口腔、咽喉部充血、潮红，分泌物增多，呈黏稠状，病变形成小白点，并扩大到上腭、食道和嗉囊，造成口腔糜烂，有时出现溃疡斑，唾液胶黏，呼出恶臭的气味。患鸽有咳嗽，呼吸困难，少食或废食，精神委靡，生长不良，发育受阻，拉稀，有的有眼炎，患鸽逐渐体弱消瘦而死；死前还可能出现痉挛症状。病程5~10天。

3.病变 可见鸽体消瘦，肛门附近羽毛不洁，皮肤不易剥离。食道和嗉囊皱褶变粗，黏膜增厚、糜烂，或被覆黄白色干酪样伪膜，剥离伪膜时，可见黏膜糜烂溃疡。病情严重时，病变可蔓延至腺胃和肌胃，使肌胃黏膜呈白色增厚和肌胃角质膜糜烂，腺胃黏膜肿胀、出血或发生糜烂，并可能被卡他性或坏死性渗出物所覆盖。

（二）防治

平时应保持鸽舍干燥和清洁卫生，严禁使用发霉饲料和不洁的饮水。对鸽舍进行定期消毒；并经常检查鸽的口腔有无本病病变，以便及时发现和采取治疗措施。

本病病原对一般的抗生素、磺胺类及呋喃类药物、染料类（煌绿）都不很敏感。有口腔病变的鸽子，可先除去伪膜，应先用1%明矾水洗去病灶处的干酪样物，然后涂擦碘甘油或撒少量青霉素粉或青霉素剂，同时再服药治疗。最敏感的药物是硫酸铜和制霉菌素。

硫酸铜：用常水配成1∶2 000～1∶3 000的浓度，自由饮用，连用5～7天。

制霉菌素：每只10万～15万单位（一般每片为50万单位）混入料中或每只1／4片喂服，每天2～3次，连续5～7天；严重的要饮水，但本药难溶于水，要把药物混入少量酸牛奶中成悬浮状态，灌服病鸽，每天2次，连续5～7天。

克霉唑：每100只鸽用1～2克拌料，或每只2～4毫克灌服，创口也可用5%克霉唑软膏涂抹。

曲古霉素（抗真菌、原虫药）：按每只4 000～10 000单位（每毫克含4 000单位）混入1餐的饲料中供饲用，每天2～3次，连续5～7天。

0.025%雷凡诺尔溶液代替饮水，连用4～7天。

在药物治疗过程中，倍量添加多种维生素，尤其应适当补充维生素A辅助治疗。

鸽曲霉菌病

关键技术

诊断：本病诊断的关键是呼吸困难，舌和腭部有黄白色结节，或有干酪样物聚积。眼球肿胀、流泪、有分泌物。肺及气囊或胸腔、腹腔内有坚实的圆盘状结节，中心黑色或墨绿色，呈绒毛状。

防治：本病防治的关键是清除发霉垫草，停喂发霉饲料。治疗用硫酸铜、制霉菌素、克霉唑有较好效果。

本病又称曲霉菌性肺炎，是由多种曲霉菌引起的一种禽类、人等哺乳动物共患的真菌性传染病。本病的特征是呼吸困难和下呼吸道有粟粒大、黄白色结节。

本病病原是烟曲霉菌和黄曲霉菌。此菌的孢子广泛分布于自然界，且常在稻草、谷物中生长繁殖，在温暖潮湿季节生长繁殖很快。如果饲料或垫草污染了本菌，鸽子就会因食入大量孢子而发病。此外，黄曲霉孢子也能通过空气尘埃进入鸽的呼吸道造成感染。本菌还能穿透蛋壳进入蛋内，使孵化出的幼雏感染。

（一）诊断要点

1.流行特点 主要是鸽子吃了发霉变质的饲料，尤其是发霉的玉米。致病霉菌进入鸽子体内生长繁殖，并产生毒素，使组织器官受到损害和毒害。

成鸽抵抗力较强，发病和死亡率较低；幼鸽和童鸽感染后发病和死亡率都较高。当幼鸽抵抗力降低，鸽舍寒冷、潮湿、拥挤时容易发病。

2.症状 本病发病初期不明显，一般可见呼吸困难，食欲减退，嗜睡，反应不敏感，不愿走动，但无卡他性炎症，舌和腭部有绿色的积聚物附着，大的一般有豌豆那么大，常会造成食道阻塞，导致窒息死亡。严重感染时，眼睛发炎即发生曲霉菌性眼炎，引起眼球肿胀、外凸、流泪，眼内有分泌物，甚至上下眼睑黏着，严重者丧失视力，导致不能饮食。有的病鸽皮肤干燥、脱屑，羽毛干枯、易折。幼鸽皮肤有黄色鳞状斑点。

病鸽拉白色或黄绿色稀便，有的还出现头颈歪扭的神经症状，进行性消瘦，衰竭。而亲鸽的病程一般比幼鸽长。

3.病变 轻者可见肺炎，肺及气囊或胸腔、腹腔内有圆盘状结节，结节黑色，坚实而有弹性；严重者可见肺、气囊和胸腔、腹腔中有圆形似针尖至小米大小的结节单个存在，有时结节互相融合成大的团块，似绿豆、扁豆大的灰白色坏死灶，肺实质萎缩，有充血和出血，切开坏死结节，中心黑色或墨绿色，呈绒毛状。气囊增厚，有干酪样附着物，仔细查看也可见到菌丝。有时肺、气囊或腹腔内可见到成团的霉菌斑。患慢性病的亲鸽，肝会有大小不等灰白色或灰黄色的肿瘤样结节。

（二）防治

1.预防 要从加强饲养管理着手，及时清除鸽巢的发霉垫草，停喂发霉变质的饲料，保持鸽舍干燥清洁的空气流通，避免饮水污染。在购买饲料时要随购随用，不宜久藏，保持新鲜可口；饲料堆放的地方要求既通风又要干燥。

坚持对鸽舍及用具等进行经常或定期的清洗消毒，并保持环境清洁卫生。有本病的鸽场更要注意每天清洁和消毒饮水器和料槽，以消灭病原体，防止本病的扩散。

另外，预防本病可用1：1 500的碘溶液作饮水，方法是用5%的碘酒20毫升加入1 480毫升的水中供鸽群饮用，每月1次。

2.治疗

硫酸铜：用常水配成1：2 000～1：3 000的浓度，自由饮用，连用5～7天。

制霉菌素：每只10万～15万单位（一般每片为50万单位）混入料中；或每只1／4片喂服，每天2～3次，连续5～7天；或每只鸽1／4片（每片50万单位），每天2～3次，连续5～7天。

克霉唑：每100只鸽用1～2克拌料或按每只鸽2～4毫克灌服。

属皮肤型的可用5%克霉唑软膏外用，或用洁尔阴溶液直接涂抹，1天数次，效果良好。

有眼炎的鸽子可选用四环素或氯霉素眼药水滴眼，1天数次。

中草药治疗可试用如下处方。

方一：鱼腥草62克、蒲公英31克、筋骨草16克、桔梗16克、山海螺16克，煎汁代饮水，可供100只幼鸽饮用1天，连服2周。

方二：肺形草5克、鱼腥草5克、蒲公英16克、筋骨草9克、桔梗16克、山海螺16克，煎汁代饮水，可供100只幼鸽1天饮用，连服1周。

鸽传染性鼻炎

关键技术

诊断： 典型的症状为鼻孔流出稀薄的水样液，以后转为浆液黏性或脓性分泌物。鼻部肿胀，眼结膜发红、流泪，眼睑及颜面部极度肿胀，使整个头部如猫头鹰状。

防治： 本病的预防主要是消除传染源，改善饲养管理条件。

（一）诊断要点

1.流行特点 本病在寒冷季节多发，一般秋末冬初流行，具有潜伏期短、发病急但多转为慢性、传播快、发病率高、死亡率低的特点。

2.症状 潜伏期一般为2～5天。典型的症状为鼻孔流出稀薄的水样液，以后转为浆液黏性或脓性分泌物，有时打喷嚏。常因粉料粘附鼻道或分泌物结痂，影响呼吸，病鸽常甩头。鼻部肿胀，鼻瘤湿润，失去原有色泽；眼结膜发红、流泪，眼睑及颜面部极度肿胀，使整个头部如猫头鹰状；眼睑水肿严重的病例，上下眼皮粘合在一起，可引起暂时失明。后期还表现气管炎、气囊炎，呼吸困难并有罗音。采食和饮水减少，少数有腹泻和排绿色粪便，体重减轻。雏鸽生长不良，成年鸽产蛋减少。

本病发病率高，死亡率低，一般2～3周可恢复。

如饲养管理不良、缺乏维生素或有其他疾病（如霉形体病）时，病情加重，病程延长，死亡率增高。发病鸽群，可见幼鸽发育不良，育成率降低，开产前发病的鸽，卵巢发育受到影响，开产期延长。

3.病变 主要病变为鼻腔和窦黏膜呈急性肿胀，黏膜充血，有大量水样或黏稠的黏液，窦内有渗出物或大量的黄白色干酪样物蓄积。常见卡他性结膜炎，结膜充血、肿胀。脸部及肉髯皮下水肿，严重时，可见喉头和气管黏膜发红，上附黏稠的黏液。

产蛋鸽可见卵黄性腹膜炎，卵泡变软或形成血肿，有的卵巢萎缩。其他器官正常。

（二）鉴别诊断

本病应与鸽霉形体病、曲霉菌病、疱疹病毒感染、黏膜型鸽痘、维生素A缺乏相鉴别。

1.鸽霉形体病 主要侵害4～8周龄幼鸽，呈慢性经过，可经鸽蛋传染。流浆性和黏性鼻液，咳嗽，呼吸困难。后期眼睑肿胀，眼部凸出，眼球萎缩，甚至失明。病程长达1个月以上。鼻、气管、支气管和气囊中含黏性分泌物，气囊膜浑浊，表面有结节性病灶，囊腔中含大量豆腐渣样渗出物。

2.鸽曲霉菌病 主要侵害1个月龄以内的幼鸽，通过霉变的垫料和饲料感染，呼吸困难，喘气，眼鼻流液，但无呼吸罗音。肺、气囊和胸腹腔浆膜上有一种针尖至小米粒大的灰白色或淡黄色小结节，结节内容物呈豆腐渣样。

3.疱疹病毒感染 主要侵害成年鸽，传播迅速，发病率高。鼻有分泌物，呼吸困难，显现头颈上伸和张口呼吸的特殊姿态，呼吸有罗音，咳嗽，咳出血性黏液是其特征。

4.黏膜型鸽痘 主要侵害幼龄鸽，在眼边、鼻孔周围也可出现结痂、分泌物增多的情况，但口腔的黄白色假膜，咽喉部的干酪硬块堵塞是其特征。

5.维生素A缺乏 病鸽趾爪蜷缩，眼睛流出牛乳样分泌物，喙和小腿皮肤的黄色消失；剖检可见鼻腔、口腔、咽、食管以至嗉囊的黏膜表面有大量白色小结节，严重时结节融合成一层灰白色的假膜覆盖于黏膜表面，而本病无此症状。

（三）防治

1.预防 本病的预防主要是消除传染源，改善饲养管理条件。鸽舍要保持通风良好，空气流通，清新，干燥卫生。冬春季节应注意防寒保暖。

平时应尽可能减少应激。

2.治疗 本病的治疗可选用下列药物。

0.4%硫氰酸红霉素（或高力米先）溶液：全群饮水，同时配以0.5%磺胺噻唑或复方新诺明拌料，连用5天。

链霉素：肌肉注射或口服，每只每次5万～10万单位，轻者每天1次，重者每天3次，连用3～5天。

庆大霉素：肌肉注射，每只每次4 000～1万单位，1天2次，连用3天。

环丙沙星或恩诺沙星：以0.005%比例混水，或按制剂说明书使用，任其自由饮用，连用3～4天。

强力霉素加三甲氧苄胺嘧啶（TMP）：0.02%浓度拌料，连用3天，疗效很好。

磺胺对甲氧嘧啶：0.02%浓度拌料，连用3～5天，疗效十分确实。

此外，泰乐菌素、土霉素、百病清、北里霉素等药物均可应用。

鸽坏死性皮炎

关键技术

诊断：本病诊断的关键是体温升高，胸、背、腿、翼尖等部位的皮肤出现暗紫色肿胀、坏死或溃疡，并有腐臭气味。坏死部位肿胀、溃烂，呈暗紫色，有带泡沫的浆液性渗出物，其坏死部分呈蜂窝状。

防治：本病防治的关键是防止刺伤鸽的皮肤，进行全场消毒和预防性投药。药物可用青霉素、链霉素注射或饮水。

鸽坏死性皮炎是由败血性梭菌引起的可使鸽子和其他禽类以及哺乳动物等都可以发生的人畜禽共患的传染病。本病的病原体是败血性梭菌，杆形中间有芽孢，呈单个或短链排列，在病料涂片中呈链状。

（一）诊断要点

1.流行特点 本病病原广泛存在于自然界如粪便、尘土、被污染的垫草饲料及肠道内容物中，通过损伤的皮肤感染，发病率不高。

2.症状 本病发病突然，死亡急剧，一般发病后不到一天就很快死亡，病鸽表现精神呆滞，羽毛松乱，伏地不起，体温升高，在胸、背、腿、翼尖等部位的皮肤出现暗紫色肿胀、坏死或溃疡，并有腐臭气味。

3.病变 剖检病死鸽坏死部位肿胀溃烂呈暗紫色，有带泡沫的浆液性渗出物，其坏死部分呈蜂窝状。腺胃、肌胃的黏膜也有出血和溃疡，肝、脾肿大有坏死灶，肾脏肿大。

（二）鉴别诊断

本病与葡萄球菌性皮炎比较相似，应注意鉴别，两者均有皮肤的坏死溃疡。但前者坏死部位呈蜂窝状，渗出液带气泡，而葡萄球菌性皮炎发生炎症后局部的羽毛极易脱落。

（三）防治

1.预防 主要是消除鸽笼及环境中的容易刺伤鸽皮肤的物体，以免造成鸽子创伤而引起感染发病。

个别鸽发病时应做淘汰处理，消灭传染源，进行全场消毒和预防性投药，死鸽的尸体及污染物要做无害化处理如焚烧或深埋。

2.治疗 可选用青霉素肌肉注射，每千克体重6万～8万单位，每天1～2次，连用2～3天；链霉素每千克体重2万～4万单位，连用2～3天；也可饮水使用。

四、鸽寄生虫病

球虫病

关键技术

诊断：本病诊断的关键是幼龄鸽易发病。排水样粪便，便中带血丝或呈鲜血便。病鸽消瘦、虚弱。小肠黏膜发炎充血、肠壁出血、坏死溃疡，肠内容物绿色或红色。

防治：本病防治的关键是定期做预防性投药，或考虑进行球虫苗的预防接种。治疗可选用青霉素、氯苯尼考等。

鸽球虫病属原虫病，广泛分布于世界各地。据国外资料介绍，几乎所有的鸽都是感染带虫者，并长期自粪便排出卵囊。球虫也就得以一代代地繁衍下去，带虫鸽平时几乎不表现症状，这可能一方面由于摄入卵囊量少，不足以引起疾病；另一方面则由于少量摄入卵囊是不断的，使鸽体有可能产生不同程度的免疫力，维持两者间平衡的状态。当鸽一旦大量摄食卵囊或突然遇到不良应激，也可迅速引起发病和死亡。该病病原是鸽艾美耳球虫，球虫卵囊外面有对外界抵抗力极强的卵囊壁。

（一）诊断要点

1.流行特点　鸽球虫的自然宿主是鸽。不同品种的鸽都有易感性，但以3～4月龄的幼鸽发病率和死亡率最高。球虫的整个生活周期为7天时间。雏鸽、幼龄鸽和信鸽都有较高的发病率和死亡率。

2.症状　感染鸽有无症状型和急性型两种表现。

（1）无症状型：这种类型多见于成年鸽或病愈鸽。因这些鸽常有不同程度的带虫现象和低水平的抵抗力，在饲养管理、外界环境条件好的情况下不表现病状，但可经常向外排出卵囊。此外，不断从外界摄入少量卵囊的鸽，即处于亚临诊型状态，又有助于增强免疫力，可预防球虫病的暴发。

（2）急性型：这种病型较易出现在3周龄以上没有足够免疫力的幼鸽中。患鸽主要表现为因肠道损伤而引起的消化机能严重紊乱症状。排带黏液的水样粪便，重者可出现血性下痢。病鸽消瘦、虚弱、麻痹和精神怠倦，肛门周围有粪污。食欲下降或废绝。死亡率15%～17%。

3.病变　主要表现为小肠或盲肠黏膜发炎充血，肠壁出血、坏死溃疡，肠内容物稀薄，呈绿色或红色。肝脏肿大或有黄色坏死点。

（二）鉴别诊断

因为本病与有水样腹泻的鸽副黏病毒病、鸽毛细线虫病、副伤寒、葡萄球菌病及拉血粪的绦虫病、维生素K缺乏症类似，应予鉴别。上述这些病的镜检看不到大量球虫卵囊，这是与本病鉴别的主要依据。

（三）防治

1.预防　平时要定期进行全场性环境、用具的反复消毒，以杀灭外界的卵囊。对受本病侵袭严重的鸽场，还应定期做预防性投药，或考虑进行球虫苗的预防接种。

2.治疗　鸽群发生此病，可用下列药物进行治疗。

青霉素以每只每次5万～8万单位，肌肉注射或饮水。

磺胺间甲氧嘧啶（SMM）0.005%的比例混入料中，连喂2～4天。

磺胺喹恶啉（SQ），治疗用0.1%混入料中饲喂2～3天，停药3天；再以0.005%混入料中饲喂2天，又隔3天喂2天，预防用0.012%混料饲喂或用0.005%饮水。

乙胺嘧啶（息疟定），常以0.005%与磺胺二甲基嘧啶（SM_2）0.05%混合加入饲料喂3～7天。

氯苯胍0.006 6%混料或饮水，预防用0.003 3%混料或饮水，连续3～5天。

氨丙林0.024%混料或饮水，预防用0.012 5%混料或饮水，连续3～5天。

鸽疟疾

关键技术

诊断：本病诊断的关键是进行性消瘦、贫血、衰弱。显微镜检查血液涂片中有存在于红细胞内条状着色的配子体。

防治：本病防治的关键是消除积水、垃圾，消灭鸽虱、蝇和蠓。有发病史的场要定期预防性投药。药物可用磷酸伯氨喹、阿的平、扑疟喹、青蒿全粉。

血变原虫病是鸽的一种以贫血、消瘦、红细胞出现条状异染物为特征的血液原虫病。

本病原是疟原虫科的鸽血变原虫。发育史分无性生殖和有性生殖两阶段。无性生殖的裂殖生殖在鸽体内完成，有性生殖的配子生殖及无性生殖的孢子生殖，是在第二宿主的蠓或鸽虱体内完成的，乘叮咬鸽子之机感染鸽。上述昆虫对此病起着主要的传播作用。

（一）诊断要点

成年鸽症状多不明显，一般经数日可自行恢复。若转为慢性时，则抗病力、繁殖力下降，不愿孵化与哺乳，进行性消瘦，贫血，衰弱。

幼鸽多呈急性经过，表现为头缩、毛松、精神与食欲不振，严重的病鸽废食，精神极度沉郁，贫血。如不及时医治，可造成连续死亡，遇有不良应激时尤其是这样。

（二）防治

1.预防　应保持环境的清洁卫生，消除积水、污物、垃圾，消灭既是中间宿主又是传播媒介的鸽虱、蝇和蠓。有发病史的场，还需进行定期的预防性投药。

2.治疗　本病可用磷酸伯氨喹，每次1片喂4只鸽，每天1次，连喂7～10天，首次量应加倍，也可配成饮水，让鸽自行饮用。

阿的平、扑疟喹内服也有疗效。含5%青蒿全粉的保健沙对此病有预防作用。

弓形体病

关键技术

诊断： 本病诊断的关键是鸽食欲不振，贫血，消瘦，排白色稀粪，共济失调，歪头，翅膀下垂，震颤，阵发性痉挛。神经系统有点状出血，肝脏肿大、坏死，肺出血及间质水肿。

防治： 本病防治的关键是场内不能养猫，杀灭食粪的节肢动物，定期消毒。进行定期的预防性投药。治疗可用磺胺甲基嘧啶、磺胺二甲基嘧啶、磺胺间甲氧嘧啶、四环素。

弓形体又名弓形虫、弓浆虫，是鸽、其他禽类、哺乳动物及人均可发生的人畜共患寄生虫病。本病主要损害神经系统，有时也可累及生殖系统、骨骼肌或体内各脏器。多数症状不明显或为无症状感染。

本病病原是龚地弓形体。用染色的组织涂片在光学显微镜下才能清楚地观察到。病原对热、冷的抵抗力不强，在55℃或冻结中很快死亡。对氨水也很敏感，但对酸、碱则有很强的抵抗力。

弓形体的发育史中，有裂殖生殖和配子生殖，有在肠壁上皮细胞发育循环和肠道外发育循环。这两个生殖过程都是在猫科动物肠上皮细胞内完成的，由此可知，猫在此病的发生与传播中起主要作用。弓形体的终宿主是猫。中间宿主有哺乳类、爬行类、鸟类和鱼类等动物，包括鸽在内，它们均可发生自然感染。蝇、蟑螂等节肢动物可成为弓形体的搬运宿主。

（一）诊断要点

1.症状　食入不同发育阶段的弓形体，潜伏期不同，从3天到24天以上不等。临诊表现有急性型和慢性型两种。

（1）急性型：病鸽表现共济失调，步态踉跄易跌倒。食欲不振或废绝。贫血，消瘦，排白色稀粪。严重时出现歪头，翅膀下垂，震颤，失明，阵发性痉挛，角弓反张，进而麻痹等症状，以至死亡。

（2）慢性型：临诊症状不明显或轻微。

2.病变 各脏器尤其是神经系统有点状出血，肝脏坏死、肿大，肺充血、出血及间质水肿，结膜炎，舌坏死。

（二）防治

1.预防 主要是场内及附近控制养猫，杀灭食粪的节肢动物。勤清粪便及污物，清除积水。定期消毒以杀灭外界的滋养卵囊及起搬运作用的蝇、蟑螂。

必要时还可进行定期的预防性投药，如磺胺甲基嘧啶，可按每100只鸽1克（2片）作首次剂量，以后减半，混料饲喂，每天1次，连用3天后停药2天，再用药3天。

2.治疗 下列药物都有很好的疗效。

磺胺甲基嘧啶、磺胺二甲基嘧啶、磺胺间甲氧嘧啶、四环素。磺胺二甲基嘧啶、乙胺嘧啶及磺胺类与甲氧苄氨嘧啶合用，能明显提高疗效。

毛滴虫病

关键技术

诊断：本病诊断的关键是鸽的上消化道，尤其是口腔的咽、喉部形成明显的、易脱落的黄色附着物和溃疡，故又称为口腔溃疡。有时肝、肠等脏器及脐部也发生溃疡。幼龄鸽可出现严重症状及死亡。

防治：本病防治的关键是保持环境、饮水的卫生，定期预防投药。药物可用硫酸铜、达美素、灭滴灵、鸽滴净等，有较好疗效。

鸽的毛滴虫病是世界性分布的鸽原虫病。任何品种、年龄的鸽及其他禽鸟类均可发生，因常发生于鸽的上消化道，尤其是口腔的咽、喉部，患部形成明显易脱落的脐状的黄色沉着物和溃疡，故又称为口腔溃疡。有时肝、肠等脏器及脐部也发生，分别称为内脏型和脐型。成年鸽多不出现症状，幼龄鸽可出现严重症状及死亡。本病是对鸽危害极大的原虫病，也是鸽的常见病之一。

本病原是禽毛滴虫，是原生动物中的单细胞鞭毛虫。虫体以二分裂方式进行增殖，约每4小时便可增殖一世代。对外界抵抗力不强，在20～30℃温度下的生理盐水中经3～4小时可死亡。

（一）诊断要点

1.流行特点 本病的传染途径主要是消化道，这也是本病病原通常寄生和损害的部位。受感染鸽的口腔溃疡病灶，是虫体的聚集点，唾液内也有大量虫体。感染鸽是主要的传染源，成鸽通过接吻或哺乳幼鸽途径而直接感染，也可通过饮水及创伤感染。未闭合的脐带口也可成为感染途径，但较少见。因本病可多途径感染，所以此病在鸽群中可以一个个、一代代地传染下去，并常与鸽副伤寒等其他病混合发生，对幼鸽危害很大。

2.症状和病变 潜伏期4～14天。症状的严重程度，取决于虫体的毒力、虫体的数量和鸽子的机体状态。

在一般情况下，成年鸽多为无症状的带虫者；幼鸽可出现严重发病及死亡。病程通常为几天至3周，咽型比较短，可于几天内死亡。根据虫体损害部位的不同，鸽毛滴虫病分咽型、内脏型和脐型3种。

（1）咽型：该型最常见，危害也最大。患鸽常因口腔受损害而导致吞咽及呼吸困难，精神沉郁，消化紊乱，毛松，消瘦，食量减少，渴欲增加，排黄绿色稀粪。雏鸽往往呈急性经过，在短期内发生呼吸困难而死亡。

病鸽眼结膜和口腔黏膜发绀。从嘴角至咽，甚至是食道的上段，黏膜有局灶性或弥漫性的黄白色、疏松干酪样物被覆，也可出现在腭裂上，极易剥离。唾液黏稠，嗉囊空虚，鸽体消瘦，肛门周围有黄绿色粪便污染。

（2）内脏型：这是由其他型的病情进一步发展而来的。病鸽精神、食欲不振，羽毛松乱，喝水量增加。拉黄绿色的黏性粪便，进行性消瘦，虚脱。如呼吸道受损害，可见病鸽呼吸困难，张口或伸颈，咳嗽和喘气等。如肠道受感染，则病鸽废食，毛松，震颤，排淡黄色糊状粪，迅速消瘦或死亡。常发生于出壳后7天至30天的雏、幼鸽，死亡率高。

病变随损害器官的不同而异，如呼吸道受侵害，病变与咽型的类似；肝脏受害时表面有绿豆至玉米粒大、呈霉斑样放射形的病变；肠型的可见肠黏膜增厚，剪开时明显外翻，绒毛疏松，像糠麸样。胰腺潮红及明显肿大。

（3）脐型：是雏鸽脐口受感染所致。可见精神呆滞，食欲减少，毛松，消瘦，呆立一旁，脐部红肿、发炎，病鸽不愿俯伏。脐口及周围肿胀，切开有干酪样物。

（二）鉴别诊断

本病咽型应与口腔有伪膜的黏膜型鸽痘、维生素A缺乏症、念珠菌病相区别。内脏型的病变与霉菌病、副伤寒、结核病、伪结核病颇类似，也需鉴别。脐型还应与葡萄球菌和链球菌的局部感染及坏疽性皮炎相区别。上述诸病的主要区别在于镜检时是否从被检物中发现大量活虫体。

（三）防治

1.预防平时应坚持定期（每月1次即可）预防投药，保持环境、饮水、食槽和水槽的清洁卫生，消除栏舍及运动场上的尖刺物，加强饲养管理，这些均是增强鸽群抗病能力不可缺少的预防工作。

2.治疗下列药物对本病均有很好疗效。

0.05%结晶紫或硫酸铜水溶液，供鸽群自由饮用1周，能预防和杀灭鸽体内的活虫体。

0.05%二甲硝咪唑（达美素）水溶液，供鸽群连续饮用3天，间隔3天，再用3天。

甲硝哒唑（灭滴灵），每10只鸽用1片（0.2克）混入料中一餐喂给，每天2次，连喂7天，停3天，再用7天，效果很好。

碘液按1∶1 500的比例饮水，连用3～5天。

10%碘甘油涂抹在揭去伪膜的口腔溃疡面上，效果很好。

鸽滴净以0.1%的鸽滴净水溶液饮水，连用2天，疗效也很好。

蛔虫病

关键技术

诊断：本病诊断的关键是粪中有时带血或黏液。精神不振，营养不良，贫血，消瘦，垂翅，乏力。啄食异物，小肠的上段黏膜损伤，肠腔内有大量蛔虫。

防治：本病防治的关键是鸽子应尽量采取舍内离地饲养，减少感染机会。驱虫可用枸橼酸哌哔嗪（驱蛔灵）、磷酸哌哔嗪、丙硫咪唑、左旋咪唑等，一次量空腹喂服。

蛔虫病是常见的鸽线虫病，病鸽呈现明显的消瘦、消化机能障碍、生长发育受阻，寄生严重的可导致鸽的死亡。

本病病原是线虫纲禽蛔属的鸽蛔虫，也是鸽最大的寄生线虫。虫体淡黄白色。粗线状，长可达2～7厘米。成熟的雌虫体内充满虫卵。虫卵呈椭圆形、深灰色，壳厚而光滑，对化学消毒药的抵抗力很强。但在直射阳光下1～1.5小时，或在45℃5分钟、沸水处理或堆沤发酵均可死亡。

虫卵被排到外界后，在适当温、湿度条件下，经10～12天卵细胞便形成幼虫，幼虫在卵内经过蜕化，便成为感染性虫卵。从感染性虫卵进入鸽体到发育为成虫，需35～50天。鸽子只有食入具有感染性的虫卵才会患病。饲料、饮水、保健沙、垫料等被带有虫卵的粪便污染是本病的主要传染方式。

（一）诊断要点

1.症状　轻度感染的鸽，常不表现症状。严重感染的鸽，表现便秘与下痢交替，粪中有时带血或黏液。精神不振，营养不良，贫血，消瘦，垂翅，乏力。啄食羽毛或异物，除头颈外，体表的其他部分长羽不良，食欲不振，皮肤有痒感，有时可出现抽搐及头颈歪斜等神经症状。

2.病变　肉眼可见病变主要是，小肠的上段黏膜损伤，肠腔甚至两胃有大量蛔虫。有的蛔虫可穿透肠壁，到体内其他器官或组织寄生，并由此导致腹膜炎。有时还可见到肝出现线状或点状坏死灶。

（二）防治

1.预防　对鸽群应尽量采取舍内离地饲养，以减少蛔虫的侵袭机会。此外，还应重视搞好饲养管理，加强兽医卫生等综合性的预防工作。

鸽群在驱虫前应处于空腹或半空腹状态，在早晨用半量料混药投服，以确保驱虫效果。驱虫后应及时清扫粪便，消毒场舍，以杀灭被驱出的虫体和虫卵。以后每隔约50天驱1次。

2.治疗　可用下列药物混料或逐只喂服，有较好的驱虫效果。

枸橼酸哌哔嗪（驱蛔灵）或磷酸哌哔嗪，每千克体重200～250毫克，一次空腹喂服或混少量料喂饲。

丙硫咪唑，用法、用量与上药同。

左旋咪唑，每千克体重2毫克，一次投服，每天1次，连用2天。

下列药物中每千克体重用量：噻咪唑40～60毫克、噻苯唑500毫克、酚噻嗪500～600毫克、甲苯咪唑30毫克，做一次投服，效果也很好。

毛细线虫病

关键技术

诊断：本病诊断的关键是鸽贫血，消瘦，排带红色的黏液稀粪，腹部不适。小肠黏膜增厚、出血，或有黄白色小结节和坏死性伪膜，有异臭气味。用小刀刮下肠黏膜置于生理盐水的器皿中，便可发现比头发还细，约5厘米长，颜色与黏膜相同的小虫体。

防治：本病防治的关键是勤清粪便，勤消毒，定期投药驱虫。驱虫可用甲氧啶、噻苯咪唑等药物。

鸽毛细线虫病是由淡黄白色、比毛发还纤细的毛细线虫寄生在鸽的食道、嗉囊或小肠黏膜内而引起的疾病。据报道，本病在我国各地均有分布，受严重感染的鸽可发生死亡。

本病原是线虫纲毛首科的鸽毛细线虫和膨尾毛细线虫。前者的终末宿主有鸽、鸡和吐绶鸡，是不需要中间宿主的直接发育型；后者的终末宿主是鸽和鸡，需以蚯蚓为中间宿主，属间接发育型生活史寄生虫。

（一）诊断要点

1.症状 病鸽表现食欲不振，精神沉郁，羽毛松乱，头低眼闭，贫血，消瘦，排带红色的黏液稀粪，腹部不适，严重时脱水，昏迷，衰竭而死。

2.病变 病鸽小肠黏膜增厚、出血，病程长的变成黄白色小结节以至坏死，形成伪膜，有异臭气味。

（二）防治

1.预防 有本病发生的鸽场，平时应定期投药驱虫，定期粪检，勤清粪便，勤消毒，尤其是每次驱虫后，粪便清理及场地消毒要及时，以防虫卵扩散及循环感染，可有效地控制本病的发生。

2.治疗 下列药物均有较好的驱虫效果。

甲氧啶，按每千克体重25毫克，用蒸馏水配成10%水溶液，一次颈部皮下注射，可收到100%的驱虫效果；也可将此药按上述用量配成饮水作一次饮服，日服1次，连续2天。

噻咪唑，按每千克体重40毫克，配成水溶液供鸽饮用，疗效可达96%。左旋咪唑，25毫克／千克体重，拌料一次内服。

胃线虫病

关键技术

诊断： 本病诊断的关键是鸽迅速消瘦及高度贫血，排黄白色稀粪。腺胃壁增厚、软化，腺胃腔有红色、细线状雄虫，腺胃浆膜有高粱粒大、红色、结节状雌虫。肌胃角质膜下有出血斑点、溃疡及头端深入到角质膜下的细小虫体。

防治： 本病防治的关键是平时消灭中间宿主——鼠、蚱蜢、甲虫和象鼻虫。对华首线虫可试用四氯乙烯或四氯化碳，也可试用噻苯咪唑等药物驱虫。

胃线虫病包括腺胃线虫病和肌胃线虫病。我国各地家养鸽中均有发生。

病原是华首线虫和美洲四棱胃线虫。前者寄生在腺胃的黏膜中和肌胃的角质膜下，中间宿主是老鼠。后者的雄虫常游离于腺胃腔中，而雌虫较大，像高粱粒，其两极有锥形突起，寄生部位较深，可透过腺胃的浆膜或黏膜观察到，中间宿主是蚱蜢、甲虫和象鼻虫。

鸽把幼虫食入腺胃经35天便发育为成虫。幼虫进入鸽体后3个月，此时雌虫最膨大。

（一）诊断要点

1.症状 轻度感染胃线虫的病鸽症状不明显。重度感染华首线虫时，病鸽表现沉郁、毛松、食欲不振或废绝、垂翅、缩头，迅速消瘦及高度贫血，排黄白色稀粪，可于出现症状后数天死亡。

2.病变 剖检可见腺胃壁增厚、软化，在刮落的胃壁黏膜中有大量虫体，肌胃角质膜下有出血斑点、溃疡及头端深入到角质膜下的细小虫体。患四棱胃线虫病的病鸽，症状基本同上。解剖可见腺胃腔有红色、细线状雄虫，腺胃浆膜有高粱粒大、红色、结节状雌虫。

根据剖检时腺胃或肌胃的病变及发现有较多的虫体，结合发病情况及病状，不难做出诊断。

（二）防治

1.预防 主要措施是平时消灭中间宿主——鼠、蚱蜢、甲虫和象鼻虫。尤其在目前对美洲四棱胃线虫病仍无理想治疗方法的情况下，此措施显得更为重要。

2.治疗 对华首线虫，可试用四氯乙烯或四氯化碳，按每千克体重40～50毫克，1次喂服或混少量饲料喂饲，连续2～3天。此外，也可试用噻苯咪唑，小群试用有效后再大面积使用。

绦虫病

关键技术

诊断： 本病诊断的关键是鸽腹泻，在血色粪便中有大量黏膜，有时夹杂有细小的乳白色虫体节片。肠黏膜增厚、出血，十二指肠下段有扁平的白色虫体。

防治： 本病防治的关键是每次驱虫后及时清理粪便，消毒场地。定期投放驱虫药预防。槟榔片、吡喹酮、硫双二氯酚、甲苯咪唑、氯硝柳胺、丙硫苯咪唑等，均有很好的驱虫效果。

绦虫病是包括鸽在内的禽类常见的寄生虫病。病原是绦虫，属扁形动物门绦虫纲多节绦虫亚纲。绦虫虫体扁平、乳白色，呈分节带状，由头节、颈节及链体3部分组成。头节位于虫体的最前端，长有吸着器官。链体由若干节片连接而成，节片的多少与种类有关。节片按其成熟程度不同而称为未成熟节片（幼节）、成熟节片（成节）和孕卵节片（孕节）。链体由颈节长出，故离颈节越远的链体节片越成熟。成熟的节片自虫体后段脱落，随粪排到外界。颈节则不断生长繁殖链体。

绦虫主要寄生于鸽、鸡、鹌鹑的十二指肠内。以软体动物中的蛞蝓、陆地螺为中间宿主。孕卵节片随粪排到体外，被中间宿主吞食后，在其消化道内发育成有侵袭力的似囊尾蚴，似囊尾蚴存在于中间宿主体内11个月仍有感染力，在终宿主体内的绦虫生存时间可达3年之久。

（一）诊断要点

1.症状 病鸽除一般性症状外，还可见腹泻，在血色粪便中有大量黏膜，有时夹杂有细小的乳白色虫体节片。病鸽表现贫血，消瘦，呼吸加快，行动迟缓和衰弱。或有自两腿开始逐渐向全身其他部位扩展的麻痹，严重的可致死亡。

2.病变 剖检可见肠黏膜增厚、出血，十二指肠下段有扁平的白色的虫体。

根据剖检十二指肠有大量虫体，或粪便水洗沉淀，可镜检到大量虫卵或节片时可确诊。

（二）防治

1.预防 每次驱虫后应及时清理粪便，消毒场地。平时定期进行消毒、投放驱虫药和配合消灭中间宿主的工作。

2.治疗 下列药物有很好的驱虫效果。

槟榔片，按鸽每千克体重2克煎水，1次饮服或灌服，病鸽饮用后10分钟便开始排虫（事前应停止供水3～4小时，药液可用糖调味）。

氢溴酸槟榔素，按每千克体重3毫克配成0.1%水溶液供鸽自由饮用（也要事前停供饮水）。

四氯化碳和液体石蜡，1∶3混合，每鸽4毫升1次喂服（有肠炎的忌用）。

吡喹酮，每千克体重用15～20毫克混料1次饲喂，1周后按每千克体重用20毫克再混料饲喂1次。硫双二氯酚，按每千克体重150毫克1次内服，4天后再重复用药1次。

甲苯咪唑，按每千克体重30毫克，1次混料饲喂，连续3天。

氯硝柳胺，按每千克体重100～150毫克，1次内服（混料饲喂或逐只喂服）。

丙硫苯咪唑，按每千克体重5毫克1次混料饲喂或喂服，连服2天。

血防67，按每千克体重250～300毫克配成10%的水溶液供饮用（事前也应停供饮水）。

气管比翼线虫病

关键技术

诊断：本病诊断的关键是病鸽伸头，张口吸气，咳嗽，常左右摇头，甩出黏液。气管黏膜发炎，管腔内充满红色黏液，黏膜上有虫体附着。

防治：本病防治的关键是保持鸡舍和运动场的干燥、清洁，对粪便进行发酵处理，定期进行预防驱虫。治疗用药物有噻苯咪唑、丙硫苯咪唑等。

比翼线虫病是由比翼科的气管比翼线虫寄生于气管中引起的一种疾病。

本病原是比翼线虫，虫体呈鲜红色，故又称“红虫”。其雌雄虫体永呈交配状态，外观呈“Y”形，头端呈半球形。虫卵呈椭圆形。雌虫产的卵进入气管腔，卵到达口腔被咽下，随粪便排出体外，不久卵孵化，幼虫自由生活在土壤中。

鸽可通过直接吞食有胚胎的卵或感染性幼虫而感染，也可间接吞食携有幼虫的蚯蚓而感染。

大多数幼虫是穿过十二指肠，由门静脉的血流携带，经肝和心脏到达肺部。幼虫经过毛细气管进入初级支气管和气囊，成虫进入气管。

（一）诊断要点

1.流行 特点本病主要侵害幼雏，死亡率很高。常呈地方性流行。

2.症状及病变 病鸽向前或向上伸头，张口吸气，咳嗽，常左右摇头，甩出黏液。病程进一步发展时，食欲减退或废绝，消瘦，常以死亡告终。

剖检可见气管黏膜发炎，管腔内充满红色黏液，黏膜上有虫体附着。

（二）防治

1.预防 经常保持鸽舍和运动场的干燥、清洁，对粪便进行发酵处理，定期进行预防驱虫。

2.治疗 常用药物有：

噻苯咪唑，0.3 ~ 1.5克／千克体重，拌料内服。

丙硫苯咪唑，50 ~ 100毫克／千克体重，拌料内服。

棘口吸虫病

关键技术

诊断：本病诊断的关键是鸽贫血，消瘦，下痢。肠内（主要是直肠部位）有出血性炎症及大量柳叶状虫体附着于黏膜上。粪检发现大量虫卵，或死后剖检时在直肠黏膜或直肠腔有大量虫体。

防治：本病防治的关键是每次驱虫后及时清理粪便，消毒场地。定期投放驱虫药预防。槟榔片、吡喹酮、硫双二氯酚、甲苯咪唑、氯硝柳胺、丙硫苯咪唑等，均有很好的驱虫效果。

本病原是棘口科的卷棘口吸虫。除侵袭鸽及其他家禽外，猪、猫、兔、家鼠及人均可感染。虫体淡红色、柳叶状，长1.6 ~ 7.6毫米，宽1.26 ~ 1.6毫米，头的前端及腹部分别有1个口吸盘和1个腹吸盘，口吸盘周围有小棘刺。卵椭圆形。发育史中的第一中间宿主是椎实螺（包括小土蜗在内）及扁卷螺，第二中间宿主是上述软体动物及蝌蚪。卵随粪排到外界，落入水中，经10天孵出毛蚴。毛蚴进入第一中间宿主体内，成为孢蚴，再经发育成为脱囊而出的尾蚴。尾蚴进入第二中间宿主体内并在此形成囊蚴。

终宿主食了这种含囊蚴的中间宿主而受感染，囊蚴在终宿主消化道内脱囊而出，最后定居在直肠黏膜上。感染后经16 ~ 32天变为成虫。

禽棘口吸虫病在我国普遍存在，对鸽的侵袭有时也是极为严重的。曾有人在剖检的8只鸽体内收集到5 000条卷棘口吸虫，其中1只鸽的虫体数多达1 550条。

（一）诊断要点

1.症状 病鸽精神委顿，贫血，消瘦，食欲不振或废绝，生长发育停滞或生产性能下降，下痢，严重的导致死亡。

2.病变 剖检时可见肠内（主要是直肠部位）有出血性炎症及大量柳叶状虫体附着于黏膜上。

粪检发现大量虫卵，或死后剖检时在直肠黏膜或直肠腔有大量虫体，结合病状可确诊。

（二）防治

下列药物有理想的疗效：四氯化碳、氯硝柳胺、硫双二氯酚、槟榔煎剂或氢溴酸槟榔素等可选用，其用法、用量及预防方法，可参考绦虫病的相应部分内容。

前殖吸虫病

关键技术

诊断：本病诊断的关键是排出卵壳碎片和石灰样液体。腹部膨大，泄殖腔周围及腹部羽毛脱落。精神不振，消瘦。

防治：本病防治的关键是着重杀灭处于各发育阶段的蜻蜓，消灭淡水螺，不在水边地区放养鸽群。治疗可用槟榔片、吡喹酮、硫双二氯酚、甲苯咪唑、氯硝柳胺、丙硫苯咪唑等，均有很好的驱虫效果。

本病病原是前殖科的多种前殖吸虫。虫体呈梨形或椭圆形，虫体大小因种的不同而异，卵较小。虫体有两个吸盘。

其发育过程的第一中间宿主是淡水螺，第二中间宿主是各种蜻蜓的稚虫和成虫。终末宿主食了第二中间宿主而受感染，寄生在鸽、其他家禽和鸟类的直肠、输卵管及法氏囊的黏膜中，其间囊蚴要行经整个消化道后到泄殖腔，以后便进入寄生部位，在此经1～2周便发育为成虫。本病的流行与蜻蜓的出没有关，故广东每年在蜻蜓群出现的5～6月份较易发生。

（一）诊断要点

1.症状 受感染轻的鸽症状不明显，严重时则精神不振，食欲下降，羽毛松乱，身体消瘦。成年雌鸽产畸形、薄壳、易破裂的蛋，也有仅排出蛋黄和少量蛋白的，甚至停止产蛋，不愿意走动，有时则排出卵壳碎片和石灰样液体。腹部膨大，泄殖腔周围及腹部羽毛脱落。后期可能有体温升高，渴欲增加，肛门潮红，泄殖腔外凸，严重者可导致死亡。

2.病变 主要是寄生部位黏膜充血，极度增厚，并可看到有一定数量的虫体。有时可能继发腹膜炎，使腹腔积聚有大量黄色、混浊的炎症渗出物或出现干酪性腹膜炎。

根据症状、病变及检出大量的虫体，可做出诊断。

（二）防治

1.预防 除一般性的卫生防疫措施外，还应着重杀灭处于各发育阶段的蜻蜓，消灭淡水螺，不在水边地区放养鸽群。

2.治疗 可参考棘口吸虫病所用的药物和方法。

鸽羽虱病

关键技术

诊断：本病诊断的关键是受羽虱严重侵袭的鸽，表现瘙痒不安，食欲不振，消瘦，脱毛，生长发育受阻，生产性能降低，甚至死亡。仔细检查羽毛根部发现大量羽虱即可做出诊断。

防治：本病防治的关键是用敌百虫、灭虱灵水溶液药浴、逆毛喷洒鸽身及环境、栏舍和用具。一般隔日再进行1次，灭虱比较彻底。

本病原是食毛目的小鸽虱、鸽体虱、鸽长羽虱，均以其咀嚼式口器啮食羽毛为生，寄生在鸽羽毛上。羽虱很小，身长在6毫米内，有的甚至不超过1毫米，要非常仔细才能看到。

整个发育史都在宿主体表完成。成熟的雌虫把受精卵产于鸽羽上，孵化期4～7天，孵出后经3个稚虫期，每期稚虫龄为3天。1对羽虱一生可繁殖12×104个后代，正常寿命有几个月之久。

（一）诊断要点

1.症状 受羽虱严重侵袭的鸽，表现瘙痒不安，食欲不振，消瘦，脱毛，生长发育受阻，生产性能降低，甚至死亡。

2.确诊 根据病状和发现大量羽虱可做出诊断。

（二）防治

用37～38℃的0.7%～1%氟化钠热水溶液逆向喷洒羽毛及环境、栏舍和用具；0.2%～0.3%敌百虫水溶液药浴（在晴天进行，并预先供以充足的饮水），或用0.4%～0.5%的水溶液逆毛喷洒鸽身及环境、栏舍和用具。

用5%含量的溴氢菊酯配成200倍稀释的水溶液喷洒鸽群、场舍、环境及用具。

鸽软蜱病

关键技术

诊断： 本病诊断的关键是被蜱叮咬的患鸽常表现痛痒不安，消瘦贫血，生长发育受阻，皮肤损伤，很容易继发细菌感染并形成小脓肿，使别的传染病很容易发生，如鸟疫、鸽痘等。认真检查鸽体就可发现鸽蜱。

防治： 本病防治的关键是杀灭隐藏在墙壁、土壤、栖架、鸽箱等物中的蜱。杀蜱药可用二溴磷、马拉硫磷等农药进行反复喷洒。

鸽软蜱病是由鸡蜱和鸽蜱引起的，这两种蜱均是吸血的节肢寄生虫。鸡蜱既危害鸡，又危害鸽，鸽蜱仅危害鸽而不危害鸡。

鸡蜱、鸽蜱都有生活期长、耐饥饿、繁殖力强和对恶劣环境有较好适应性的共同特点。白天隐藏在墙壁、木缝内，夜晚出来吸血。通过吸血可传播螺旋体病、巴氏杆菌病、麻风病等。既可侵袭鸽及其他禽类，也能侵害所有的动物和人类。

蜱的体形较大，体长8毫米，宽5毫米，厚1毫米，有4对足，多生活在温暖地带，在温暖干燥季节最为活跃，卵为圆形或椭圆形，幼虫寄生于鸽体，成虫吸血后离开宿主，隐藏于土壤墙缝或植物中产卵。

（一）诊断要点

1.症状 幼鸽受大量蜱侵害后引起严重的爬行性瘙痒，被叮咬的患鸽常表现痛痒不安，消瘦贫血，生长发育受阻，皮肤损伤，很容易继发细菌感染并形成小脓肿，或失血而死亡。成年蜱能吸取0.3毫升的鸽血，10只蜱所吸取的血液约占一只幼鸽总血量的1／10，其危害极其严重。吸血导致别的传染病很容易发生，如鸟疫、鸽痘等。

2.确诊 认真检查鸽体有蜱的存在，就可确诊。

（二）防治

1.预防 本病在于杀灭蜱，重点应注意杀灭隐藏在墙壁、土壤、栖架、鸽箱等物中的蜱。

2.治疗 可选用以下药物杀蜱：

用0.3%的二溴磷溶液喷洒。喷洒时要注意喷到各种物体表面形成小水滴为止，尤其是墙缝和隐蔽处。

用3%马拉硫磷喷洒鸽舍墙壁。

用杀虫灵1包加煤油1升，喷洒墙壁、鸽箱、木栖架等。

沙浴每50千克细沙内均匀拌入硫磺粉5千克，铺成10～20厘米厚的沙浴池，让鸽自行沙浴。

要在短期内进行多次治疗，才能彻底杀灭蜱。同时要配合定期的卫生清洁和消毒工作。

五、鸽常见普通病

眼炎

关键技术

诊断：本病诊断的关键是鸽一侧眼睛表现湿润，眼睑肿胀，结膜充血，流泪，眼屎为黏液性或脓性，上下眼睑粘着。严重者眼球突出，角膜糜烂，最后眼球萎缩。

防治：本病防治的关键是去除发病因素。然后用盐水或硼酸水冲洗眼睛，清除眼内的分泌物，再涂上四环素眼药膏或滴眼药水，同时供给适量的多种维生素或鱼肝油。

（一）诊断要点

1.病因　一是鸽子密度太大，给料时群鸽掠食而扬起飞尘进入眼内；二是月龄不同的鸽混养在一起，大鸽欺负小鸽，强壮鸽啄弱小鸽，啄伤眼睛，感染发炎；三是大龄鸽雄雌未分栏饲养，常几只雄鸽为争夺对象打架，啄伤眼睛；四是某些疾病如维生素A缺乏症，眼线虫刺激眼睛等也可造成眼炎。上述原因引起的眼炎与某些传染病如鸟疫等的眼炎不同，它们一般不引起鸽的其他症状和病变。

2.症状 本病较多发生于1～3月龄的鸽，且常发生于一侧眼睛。初期眼无神，眼圈湿润，眼睑肿胀，结膜充血，或见有伤痕，流眼泪，后变成黏液性或脓性分泌物，上下眼睑粘着。翻开眼睑，可见黄色块状分泌物。严重者眼球突出，角膜糜烂，最后眼球萎缩。鸽子常因眼睛不舒服，而在背羽上摩擦，或用脚趾抓眼，造成眼附近羽毛脏湿，鼻瘤污浊。

（二）防治

首先要找出发生眼炎的原因，去除发病因素。然后用1%盐水或2%的硼酸水冲洗眼睛，清除眼内的分泌物，再涂上四环素眼药膏或滴眼药水，每天2次，同时供给适量的多种维生素或鱼肝油。

鼻炎

关键技术

诊断： 本病诊断的关键是病鸽鼻部肿胀，流黏性鼻涕，鼻瘤污秽，失去色泽。有鼻音和喷嚏，甩头，呼吸受阻，常在肩膀羽毛上揩擦鼻涕或用爪抓鼻子。

防治： 本病防治的关键是注意鸽舍保暖；保持良好的通风透气。用硼酸水冲洗，用氨苯磺胺溶液或氯霉素眼药水滴鼻，清除鼻腔内干结的分泌物。

（一）诊断要点

1.病因 由于气候变化剧烈，忽冷忽热，气温骤变，冷风袭击鸽舍；细菌、病毒侵入鼻黏膜；鸽舍通风不良或饲养密度高，积存不良气体如堆粪过多，产生氨气、硫化氢，漂白粉消毒后残存的氯气以及尘埃的刺激等等，都会引起鼻炎的发生。

2.症状 本病潜伏期为1～3天。多见于幼鸽。本病易流行于冬季。病鸽表现精神欠佳，稍有减食。鼻部肿胀，鼻黏膜潮红，一侧或两侧鼻腔流出黏性鼻涕，鼻瘤湿润污秽，失去原有的色泽。因鼻涕干结堵塞鼻孔而有鼻音和打喷嚏，甩头，鸽呼吸受阻，病鸽常在肩膀羽毛上揩擦鼻涕或用爪抓鼻子。有的鼻和颜面浮肿，重者波及眼睛，引起流泪和结膜炎，脸部浮肿。急性鼻炎，一周左右恢复正常。慢性者则拖延较长。原发性鼻炎无传染性。很少发生死亡。

（二）防治

1.预防 在冬季多发季节注意鸽舍的保暖。防鸽受凉，及时清除鸽粪和脱掉下的羽毛，保持良好的通风透气，注意保持合理而充足的阳光，减少尘埃，氨气浓度不得超过0.002%。

2.治疗 可选用以下药物治疗：

鼻腔用3%硼酸水冲洗，每日2次，保持鼻腔通畅。

1%氨苯磺胺溶液或氯霉素眼药水滴鼻，清除鼻腔内干结的分泌物，每天数次，有污必清。

银翘解毒片灌服，每只每次半片，每天2次，连用3～4天，有一定疗效。

链霉素口服每只每次5万～10万单位，每天2次，连用2～3天；必要时可肌肉注射，每只每次3万～5万单位，连用2～3天。

土霉素片，每只每次半片，每天2次，连用3天。

肺炎

关键技术

诊断：本病诊断的关键是鸽甩头，咳嗽，呼吸困难，轻度发热，喘气，口腔黏膜发绀，呼出带臭味的气体，可听到呼吸罗音。

防治：本病防治的关键是冬季要防寒保暖。治疗可用青霉素和链霉素混合口服或肌肉注射，卡那霉素注射。配合口服鱼肝油、维生素C片以及止咳平喘的中草药等，有一定疗效。

（一）诊断要点

1.病因 本病是由于多种原因引起的非传染性肺炎，多是由于饲养管理不当如饲料营养缺乏，鸽舍狭小、通风不良或吸入刺激性气体等，使鸽体抵抗力降低时，支气管黏膜就会发炎，严重的引起肺组织炎症。

2.症状 病鸽表现精神沉郁，甩头、咳嗽，呼吸困难，随呼吸可听到水泡音，口流黏液。轻度发热，表现为喘气，甚至张口呼吸，口腔黏膜发绀，呼出带臭味的气体，炎症渗出物增多时还可听到呼吸罗音。食欲下降，渴欲增加，日渐消瘦、下痢，有的发生气囊炎。

本病的发生常是以支气管肺炎开始，逐渐演化为大叶性肺炎或坏疽性肺炎，此时病鸽发烧、呼吸困难严重，常以死亡而告终。不死的也常继发其他疾病。

3.病变 剖检病死鸽可见肺部膨胀、水肿、充血和出血，肺表面粗糙，有干酪样渗出物，常与胸膜粘连。切开后可见支气管流出泡沫样液体。

（二）防治

1.预防 平时要加强饲养管理，注意鸽舍的卫生，不让鸽子饮冷水。要有良好的通风，冬天要注意防寒保暖，不让鸽子受凉；供给优质饲料，提高鸽子抵抗力。

2.治疗 对病鸽可用下列药物：

青霉素和链霉素混合，每只各5万单位，口服或肌肉注射，每天2次，连用5～7天。

卡那霉素，每只每次4万单位，每天1次，连用3～5天。配合口服鱼肝油1～2滴、维生素C片，每天1次，连用5～7天。

如有必要可用清热解毒、止咳平喘的中草药治疗，如用方剂：黄芩10克、桔梗7克、麻黄5克、杏仁7克、半夏7克、枇杷叶7克、甘草4克、薄荷4克，煎汁供10只成年鸽饮用，每天1剂，连服3天。

嗉囊病

关键技术

诊断：本病诊断的关键是鸽子吃了发霉变质或不易消化的饲料，保健沙不足时，嗉囊胀大或下垂，内有酸臭的污浊黏性液体，用手触摸有的坚实，有的绵软可有波动感。

防治：本病防治的关键是注意饲料新鲜和饮水卫生。治疗时先冲洗嗉囊，然后给予酵母片和土霉素片即可。

嗉囊病包括嗉囊积食、嗉囊积液、嗉囊下垂等，是一种常见的疾病。

（一）诊断要点

1.病因 鸽子吃了发霉变质或不易消化的饲料，以及饮水不足或饮用污水，保健沙不足或沙粒太小等都可造成此病的发生。还有的食入难以消化的东西，使消化道阻塞，饲料不能通过蠕动推向腺胃。有的因消化吸收功能障碍如胃肠道疾病等，都可引发此病。

2.症状 本病在童鸽和成鸽中都可发生，但以1～3月龄的鸽较为多见，乳鸽也有少数发生。病鸽食欲减退，嗉囊胀大，内有酸臭的污浊黏性液体，用手触摸有的坚实，有的绵软可有波动感。呼出气味酸臭，口腔唾液黏稠。饮水增多，排粪减少，粪便稀烂或便秘。严重的病鸽嗉囊溃烂以致死亡。

（二）防治

1.预防 主要是注意保持饲料新鲜和饮水卫生。

2.治疗 对病鸽的治疗，首先冲洗嗉囊。

其方法是抓住鸽，头向下，用手指将嗉囊中的食物和液体挤出，然后用导管将2%的食盐溶液或0.1%的高锰酸钾溶液灌洗2～3次，再将鸽头部向下挤出嗉囊中的液体。清洗完毕后，再给口服酵母片2片（乳鸽用1片），土霉素半片，并喂服复合维生素B_1片，每天1次，连用3天。

胃肠炎

关键技术

诊断： 本病诊断的关键是病鸽腹部膨胀，消化不良，腹泻，粪便水样或稀粥样，白色或绿色，甚至红色或黑褐色。腺胃有出血点或溃烂，肌胃角质膜下有出血点。肠道胀大，有炎症，充血、出血或有坏死灶。

防治： 本病防治的关键是做好饲养管理。治疗可用呋喃唑酮、黄连素、四环素或氟苯尼考，同时配合食母生或酵母片。

本病较普遍，各种年龄的鸽都可发生，但以幼龄鸽较易得病。

（一）诊断要点

1.病因 引起鸽子嗉囊病的种种因素同样能引发本病。此外，鸽舍阴暗潮湿，运动场地太小，环境气候变化太大，多种肠道细菌的感染等，也能引起此病的发生。

2.症状 患病鸽的羽毛脏乱，精神沉郁，食欲减退或废绝，有的饮水增加，不喜活动。检查嗉囊无食物或绵软有波动感，腹部膨胀，消化不良，严重的腹泻，粪便水样或稀粥样，白色或绿色，有的红色或黑褐色，这是由于小肠出血所致。

3.病变 病死鸽，可见腺胃有出血点或溃烂，肌胃角质膜很易剥离，下层有充血或出血点。肠道胀大，呈灰白色，严重的呈黑褐色，十二指肠有炎症，或有充血、出血和坏死灶，大肠也有出血点，内容物呈浅绿色，有臭味。

（二）鉴别诊断

胃肠炎可由溃疡性肠炎、鸟疫、鸽副伤寒和球虫病等引起，应注意区分。

（三）防治

1.预防 主要是平时应做好饲养管理工作尤其在春夏季节，注意饲料和饮水的卫生。

2.治疗 发生本病时，可用下列药物治疗：呋喃唑酮，按每千克水2片，先将药片磨碎，再在80℃左右的热水中溶解，然后稀释于所需的水中，连用3天；四环素或氟苯尼考0.025%饮水；黄连素每只每次1片，1天1次，连用3天。同时配合食母生或酵母片。

软骨病

关键技术

诊断：本病诊断的关键是当乳鸽和童鸽维生素D和钙磷缺乏或吸收不良时，喙部变软，翅膀伸展无力，肢腿较软，站立不稳，胸部龙骨突畸形弯曲。产软壳蛋。

防治：本病防治的关键是应供给含钙磷丰富的饲料和保健沙，保健沙应现配现给，补充光照。病鸽可口服钙片或喂给好的保健沙。同时，胸肌注射维生素D针剂。

（一）诊断要点

1.病因 本病发生的原因较多，遗传环境、营养和机体状态等因素的异常，都可发病。常见原因如下：一是由于亲鸽基因的缺陷，将不良基因遗传给后代；二是由于幼龄鸽长期处于潮湿寒冷的不良环境中，造成脚腿血液循环受阻，营养成分不足而引起；三是笼养式鸽舍没补充光照，保健沙的供给不足或配方不合理，缺少维生素D和钙磷等成分，造成钙磷的不足；四是长期患消化系统疾病，胃肠的消化功能和吸收、转化功能较差。

2.症状 发生此病的鸽主要有乳鸽和童鸽，2月龄的鸽较多见。本病的发展过程较缓慢，往往不易发现。患鸽喙部较软，手按即可弯曲，翅膀伸展无力，肢腿较软，站立不稳，喜欢蹲在地面，不愿走动，不愿飞翔，胸部龙骨突畸形弯曲，骨质软化。严重者关节肿大，体质虚弱。产软壳蛋。

（二）防治

首先应供给含钙磷丰富的饲料和保健沙，保健沙应现配现给，每天1次。管理上应防止鸽舍的潮湿，补充光照。病鸽可口服钙片，或喂给好的保健沙。同时，胸肌注射维生素D针剂，每天1次，连续5天。

啄癖

关键技术

诊断：本病诊断的关键是病鸽表现啄肛、啄羽、啄趾、食蛋癖、食肉癖、异嗜癖等，而不能人为地阻止。

防治：本病防治的关键是加强饲养管理，找出原因，消除各种不良因素。一旦发现有啄癖现象，应尽快隔离有啄癖和被啄伤的鸽，并查找原因，或在饲料中添加2%生石膏、食盐、碳酸氢钠、硫酸钠或硫酸亚铁，连喂3～5天，效果良好。

啄癖是家禽的一种异常嗜好。患啄癖的家禽啄食羽毛、肌肉、蛋品和其他异物，常常导致肉用禽的级别降低，蛋品的损耗增加和禽群的死亡率增高，造成一定的经济损失。

（一）诊断要点

1.病因 发生啄癖的病因比较复杂，一般认为，啄癖的形成与下列因素有关：饲料中缺乏蛋白质或某些必需氨基酸；饲料中缺乏某些矿物质或缺乏维生素；饲料中食盐不足；鸽体表有螨、虱等寄生虫；鸽体表有创伤或出血；泄殖腔或输卵管脱垂；饲养管理因素，如拥挤、光线太强、死亡鸽没有及时拣出等。

2.症状 啄癖在临床上常见的有以下几种类型。

（1）啄肛癖：啄食肛门，轻者肛门受伤或出血，重者直肠脱出，多发生于产蛋鸽和患白痢的雏鸽。

（2）啄羽癖：鸽彼此啄食羽毛，啄食自身羽毛或脱落在地上的羽毛。多见于幼鸽换羽期、产蛋鸽高产期及换羽期。

（3）啄趾癖：雏鸽较易发生，互相啄食脚趾，引起出血或跛行。

（4）食蛋癖：多发生于鸽的产蛋旺盛时期，个别鸽经常啄食鸽蛋。

（5）食肉癖：啄食体表有创伤或已死亡鸽的肌肉。各种年龄的鸽均可发生。

（6）异嗜癖：啄食一些通常情况下不食或少食的异物，如砖石、沙砾、垫料、石灰、粪便等。

（二）防治

1.预防 加强饲养管理，消除各种不良因素，如防止拥挤、调整光照、给予适宜的温度和湿度、保证通风换气、定时饲喂、定时拣蛋，及时驱除体内外寄生虫等，可预防啄癖的发生。

2.治疗 平时经常观察鸽群，一旦发现有啄癖现象，应尽快隔离有啄癖和被啄伤的鸽，并查找原因。若找出缺乏某种营养成分应及时给予补给。若暂时找不出病因，可在饲料中添加2%生石膏或每只鸽每天给予1～3克石膏粉，也可在饲料中添加1%～2%食盐或1%碳酸氢钠或1%硫酸钠或0.05%硫酸亚铁，连喂3～5天，效果良好。

痛风

关键技术

诊断：本病诊断的关键是病鸽排白色石灰样稀粪，肾肿大呈白色斑点，输尿管扩张，管腔内充满石灰样沉积物，心、肝、脾的表面白色尿酸盐沉积。关节肿胀，不能站立，关节表面有白色尿酸盐沉着。

防治：本病防治的关键是消除病因，改善管理。减少日粮中动物性蛋白饲料的比例，用肾肿解毒药饮水，可明显缓解症状。

痛风，又称“尿酸盐沉着症”，是由于蛋白质代谢障碍，体内产生大量的尿酸盐沉积在关节、软骨周围、内脏和其他间质组织所引起的代谢病。临床上以厌食、关节肿大、衰弱和腹泻为特征。

（一）诊断要点

1.病因　主要病因是饲喂过量的富含蛋白质的饲料（动物内脏、鱼粉、肉粉、饼粕类等）；饲料中含钙过高或钙磷比例失调，维生素A、维生素D缺乏可引起本病；肾功能障碍也可引起本病。如磺胺类药物中毒、霉玉米中毒、肾型传染性支气管炎、传染性法氏囊病、包涵体肝炎、鸽白痢、大肠杆菌病等均可造成肾功能障碍，导致本病的发生；鸽舍阴暗潮湿、通风不良、鸽群密度过大、饮水不足、长途运输等因素都可诱发本病。

2.症状和病变　根据尿酸盐沉积部位不同，可分为内脏痛风和关节痛风，有时两型混合发生。

（1）内脏型：病鸽表现精神不振，食欲减退，冠苍白，腹泻，排出含有大量白色尿酸盐的稀粪，产蛋量下降或停产。肾肿大，颜色变淡，表面有尿酸盐沉积形成的白色斑点，输尿管高度扩张，管腔内充满石灰样沉积物，其他内脏器官（心、肝、脾、肠系膜、腹膜等）的表面也有白色尿酸盐沉积，严重时形成一层白色的薄膜。

（2）关节型：表现脚趾和腿部关节肿胀，运动缓慢、跛行，甚至站立困难。关节表面和关节周围组织有白色尿酸盐沉着。多数病例可见到内脏和关节同时有尿酸盐沉积。

（二）防治

1.预防　合理搭配饲料，其中蛋白质的含量特别是动物性蛋白质的含量不可过多。钙磷含量及比例要合适，并且要保证维生素A、维生素D的需要量。

避免长期使用磺胺药等影响肾功能的药物，积极防治引起肾功能损害的疾病。

鸽舍要保持清洁干燥、通风良好，饲养密度要适当，长途运输时饮水要充足。

2.治疗　发病时应立即消除病因，减少日粮中动物性蛋白饲料的比例，可控制本病继续发生。同时对鸽群应用肾肿解毒药，可明显缓解症状。

鸽产软蛋

关键技术

诊断：本病诊断的关键是当饲料中钙、磷、维生素A、维生素D不足或比例失调时，鸽所产的蛋变软或呈沙皮，同时还表现难产、气喘，产前情绪不安，产蛋时间失去规律等。

防治：本病防治的关键是饲料要营养全面，维生素和矿物质要充足。适当增加钙质饲料、维生素D，或直接用钙片、鱼肝油丸。

（一）诊断要点

1.病因　造成鸽产软蛋的原因较多，主要的是：饲料中的钙、磷、维生素A、维生素D不足或缺乏、比例失调及代谢障碍等；产蛋鸽的输卵管发炎，引起卵壳腺体机能不正常，不能分泌充足的钙质；产蛋鸽年老，卵壳腺体机能衰退；受某些因素的刺激，如捕捉、打斗、极度受惊吓等，引起输卵管壁肌肉强烈收缩，致使未形成硬质壳的蛋就被排出体外；长期饲养在阴暗潮湿的鸽舍内，见不到阳光时。上述原因均可使鸽产软壳蛋。

2.症状　一般无明显的症状表现，仅发现所产的鸽蛋壳软或呈沙皮，同时在产蛋时还表现难产、气喘，有的还表现产前情绪不安，产蛋时间失去规律等。如果是长期缺钙引起的，除产软蛋外，还会出现因缺钙导致的骨软等症状。如经常产软壳蛋或沙皮蛋，就要检查是否是鸽龄老。如是输卵管炎的鸽，粪便变稀并有炎性分泌物。

（二）防治

1.预防 饲料要营养全面，维生素和矿物质要充足。鸽舍要建得合理，要通风透光。

2.治疗 要针对不同的病因，采取相应的治疗办法。一般首先应注意改进饲料中的钙质和其他矿物质的补充，如适当增加钙质饲料如蛋壳粉、骨粉等。钙磷比例要适宜，以2∶1为宜；如是缺乏维生素D引起的，及时给予维生素D_3、鱼肝油或增加光照。

钙片、鱼肝油丸，每次各1片（1丸），每天2次，连服7天。

输卵管炎的病鸽，可用青霉素肌肉注射，每只每次3万～5万单位，每天1次，连用3～5天。

六、鸽营养代谢病

蛋白质缺乏症

关键技术

诊断： 本病诊断的关键是鸽生长发育受阻，羽毛蜷曲，易脱毛或翅羽退色，体温下降，消瘦，贫血。血液稀薄且凝固缓慢，全身几乎无脂肪组织，心冠沟、皮下和肠系膜上原来的脂肪组织变为胶体浸润。

防治： 本病防治的关键是给予全价日粮，保证必需氨基酸、维生素及矿物质、微量元素的正常足量供给。

蛋白质缺乏症是指日粮中蛋白质的含量不足或蛋白质吸收不良的一种营养代谢性疾病。

（一）诊断要点

1.病因 日粮中缺乏蛋白质，特别是缺乏动物性蛋白质是发生本病的主要原因。雏鸡对蛋白质的需要量占日粮的18%～20%，产蛋鸡占14%～16%。如果饲料中蛋白质不足，或者是蛋白质中必需氨基酸配合不齐或比例不合适，尤其是蛋氨酸、赖氨酸与色氨酸这三种限制性氨基酸缺乏，而使该种饲料蛋白质中其他氨基酸的利用率受到限制，就会使该饲料的营养价值降低而引起发病。

另外，当发生消化道疾病或蛋白质吸收不良及寄生虫寄生时加快了机体蛋白质的损耗也可导致本病的发生。

2.症状 雏鸽表现生长发育受阻，畏寒挤堆，羽毛蜷曲，易脱毛或翅羽退色，继而食欲减退，双翅下垂，体温下降，大批死亡。成年鸽体重减轻，消瘦，贫血，产蛋量急剧下降甚至完全停产，易继发一系列疾病。

3.病变 鸽体消瘦，血液稀薄且凝固缓慢，肌肉萎缩，全身几乎无脂肪组织，心冠沟、皮下和肠系膜上原来的脂肪组织变为胶体浸润，心包囊、胸腔和腹腔内积液，卵巢和输卵管发育不良。

（二）防治

1.预防 给予全价日粮，满足不同年龄和生长特点的鸽对蛋白质的需要，保证必需氨基酸、维生素及矿物质、微量元素的正常足量供给。

2.治疗 目前一些配合饲料多缺乏蛋氨酸和赖氨酸，补喂此限制性氨基酸，可有效提高日粮蛋白质的营养价值，并节约蛋白质饲料用量，效果较好。

由于肠道疾病导致蛋白质吸收不良或由于寄生虫寄生而使机体蛋白质消耗过多者，则应注意及时治疗肠道病或及时驱虫。

维生素A缺乏症

关键技术

诊断：本病诊断的关键是当日粮中维生素A供给不足时，病鸽消瘦，眼睛流出混浊的黏稠分泌物，上下眼睑粘在一起，有的形成干眼病，角膜混浊不透明，严重者失明。

防治：本病防治的关键是供给全价饲料，保证对维生素A的正常需要。治疗时内服鱼肝油1～2毫升，饲料中拌入5 000～1万单位的维生素A。

维生素A缺乏症是由于日粮中维生素A供给不足或消化吸收障碍所引起的以皮肤或黏膜组织化变质、生长停滞、干眼病等为特征的营养代谢性疾病。

（一）诊断要点

1.病因 造成鸽维生素A缺乏症的病因主要有以下几个方面：

日粮中维生素A添加量不足；饲料贮存过久，或经烈日暴晒，或经高温处理而使其中脂肪酸败变质，加速了饲料中维生素A物质的氧化分解，导致维生素A缺乏；日粮中脂肪不足，影响维生素A在肠中的溶解和吸收；鸽发生腹泻时，维生素A在小肠中吸收发生障碍；发生肝病时，维生素A在肝中贮存发生障碍；发生某些疾病如痛风时，维生素A的消耗量增加。

2.症状 幼鸽发病与母鸽缺乏维生素A有关。

病鸽消瘦，鼻和眼呈炎症变化，瞬膜半闭，从眼睑流出透明或混浊的黏稠性渗出物，上下眼睑常粘在一起，角膜混浊不透明，严重者失明。

生长鸽日粮中缺乏维生素A时，经2～6周，即造成发育缓慢，消瘦，羽毛松乱，继而流泪，眼睑内有干酪样物质积聚，有的形成干眼病。有的病鸽受到外界刺激时，可引起神经症状，头颈扭转或做后退运动。

成年鸽发病呈慢性经过，母鸽产蛋量和孵化率降低，雄鸽性机能降低，精液品质退化，鸽的呼吸道和消化道黏膜抵抗力降低，易诱发传染病等。

维生素A缺乏严重时，常继发痛风或骨骼发育障碍，表现运动无力，两肢瘫痪。

3.病变 口腔、咽及食管黏膜上有灰白色小结节或覆盖一层白色的豆腐渣样的薄膜，剥离后黏膜完整并且无出血、溃疡现象。当严重缺乏维生素A时，可见痛风样病变。

（二）防治

1.预防 根据鸽的日龄或生产性能，供给全价饲料，保证对维生素A的正常需要。按美国NRC饲料标准，每千克配合饲料中维生素A的添加标准为：幼鸽为1 500单位，产蛋鸽为4 000单位。另外，还要注意饲料保管，防止酸败、霉变和氧化。

2.治疗 消除病因，立即对病鸽进行治疗，可投服相当于正常维持量10～20倍的维生素A或每天每只鸽内服鱼肝油1～2毫升。对发病的鸽可在每千克饲料中拌入5 000～1万单位的维生素A。在短期内给予大剂量的维生素A，对急性病例疗效迅速，但慢性病例如已失明的，则难以康复。必须注意，由于维生素A不易从机体内迅速排出，长期过量使用会引起中毒。

维生素D缺乏症

关键技术

诊断：本病诊断的关键是光照不足，日粮中缺乏维生素D，喙和脚爪柔软，行走极其吃力，以跗关节下伏移步。胸骨变弯曲，肋骨向内凹陷。骨骼软、脆，易折断。

防治：本病防治的关键是合理地调配饲料，注意日粮中应含有充足的钙和磷及恰当的比例。治疗时可一次大量投服维生素D_3，同时在饲料中添加鱼肝油。

维生素D缺乏症也叫佝偻病，是由于光照不足、日粮中维生素D供应不足或消化吸收障碍引起的钙磷吸收和代谢障碍，发生以骨骼、喙和蛋壳形成受阻为特征的营养代谢性疾病。

（一）诊断要点

1.病因　常见的病因是光照不足、日粮中缺乏维生素D，或者鸽发生腹泻或有肝、肾疾病时，消化吸收功能障碍。

维生素D由维生素D_2和维生素D_3组成，其中维生素D_3的作用比维生素D_2强数十倍。鸽维生素D_3的来源，主要靠日光中紫外线照射由皮下脂肪内的脱氢胆固醇转化而成，其次靠日粮中添加维生素D_3，因此笼养鸽，在缺乏日光照射而又不注意在饲料中添加维生素D_3或添加量不足时，容易发生本病。

2.症状　如是日粮中缺乏维生素D，最早于10～11日龄发病，一般在30日龄前后出现症状，呈现以骨骼极度软弱为特征的佝偻病。喙和脚爪柔软，行走极其吃力，以跗关节下伏移步。

成年鸽缺乏维生素D，经2～3个月后表现为产薄壳蛋或软壳蛋的数量显著增多，产蛋数和孵化数明显减少。进一步发展，胸骨变弯曲，肋骨向内凹陷。

3.病变　剖检见肋骨与脊椎连接处出现念珠状肿胀，胫骨或股骨的骨骺部可见钙化不良，骨骼软、脆，易折断。

（二）防治

1.预防　根据鸽的年龄，合理地调配饲料，每千克日粮需要维生素D_3：

0～20周龄的鸽为200单位，产蛋鸽为500单位。同时必须注意日粮中应含有充足的钙和磷及恰当的比例。

2.治疗　可对病鸽一次大量投服1 500单位的维生素D_3，疗效较好。同时在每千克饲料中添加鱼肝油10～20毫升。

必须注意治疗剂量应根据缺乏的程度进行调节，不应在饲料中加入过量的维生素D_3，以免中毒。

维生素E缺乏症

关键技术

诊断：本病诊断的关键是病鸽皮下和内脏有大量蓝绿色渗出液，肌肉营养不良或萎缩。有时出现脑软化，呈现共济失调，转圈，昏迷等。脑膜血管充血、水肿，小脑软化、出血、坏死。

防治：本病防治的关键是饲料中添加0.5%的植物油或维生素E，同时加入亚硒酸钠、蛋氨酸，效果良好。

维生素E缺乏症是由于日粮中维生素E不足所引起的。临床表现为幼鸽脑软化症、渗出性素质和肌肉萎缩症等多种病症的营养代谢性疾病。大量的研究和临床实践证明维生素E与微量元素硒在机体代谢中有着密切的联系。

（一）诊断要点

1.病因　日粮中维生素E的添加量不足是本病的主要原因。另外饲料贮存时间过长，也会造成维生素E损失。各种植物种子的胚乳中含有比较丰富的维生素E，但子实饲料在一般条件下保存6个月，维生素E即可损失30%～50%；添加到日粮中的维生素E，也会受到其中矿物质和不饱和脂肪酸氧化，或被维生素E的拮抗物质（如饲料酵母菌、硫酸胺制剂等）刺激脂肪过氧化而损失。

2.症状　幼鸽出现渗出性素质，即皮下和内脏有大量渗出液，肌肉营养不良或萎缩，有时出现脑软化。

产蛋鸽在长时期饲喂低水平的维生素E饲料时，并不出现外表的症状，但所产蛋的孵化数显著降低，或出现胚胎早期死亡。

幼鸽的脑软化症通常在第15～30日龄发病，呈现共济失调，头向后仰或向下挛缩，有的头向侧方扭转，向前冲或剧烈后退，两腿急收缩或急放松，有时转圈，昏迷，遇刺激（声响、惊吓等）又发作，最终衰竭而死。

3.病变 死后剖检见脑膜、小脑和大脑的血管明显充血、水肿，小脑软化，脑回展平，并有不同程度的出血、坏死。

（二）防治

1.预防 日粮中合理添加维生素E，并注意防止饲料贮存时间过长而造成维生素E损失。

2.治疗 饲料中添加0.5%的植物油，或每千克饲料添加维生素E 20单位，连用14天，或每只幼鸽单独一次口服维生素E 300单位，同时在每千克饲料中加入亚硒酸钠0.2毫克，蛋氨酸2～3克，效果良好。

维生素K缺乏症

关键技术

诊断：本病诊断的关键是在胸部、翅膀及腹膜、皮下和胃肠道等处可见出血斑点，贫血，皮肤干燥，脸部苍白，血液不容易凝固，排血样稀粪，严重的流血不止而死亡。

防治：本病防治的关键是日粮中注意添加多种维生素，并配合适量青绿饲料、鱼粉等。发病时肌肉注射维生素K_3，同时喂给绿色青菜。

维生素K缺乏症是由于维生素K缺乏导致血液中凝血酶原和凝血因子减少，临床以血液凝固过程发生障碍，血凝时间延长或出血不止为特征的营养代谢性疾病。大量的研究和临床实践证明，维生素K是动物体内合成凝血酶原所必需的物质，凝血酶原是促进血液凝固的主要成分之一。

维生素K广泛存在于绿色植物中，尤其是绿色蔬菜和鱼肉中含量最高。而鸽子不能像其他家禽那样可在肠道中大量合成，不能满足需要，必须人工给予维生素K_3。

（一）诊断要点

1.病因 常见的病因有：饲料中维生素K含量不足；鸽患球虫病、腹泻时，肠壁吸收障碍，均降低了对维生素K的绝对吸收量；饲料被黄曲霉毒素污染，黄曲霉毒素是维生素K的拮抗物，凝血酶原的合成就会受到抑制。

2.症状 鸽缺乏维生素K 2～3周时，在胸部、翅膀及腹膜等处可见出血斑点，特别是皮下和胃肠道常见出血。如缺乏维生素K 6周以上，则发生严重的贫血，表现为皮肤干燥、脸部苍白和全身代谢机能障碍。鸽蛋孵化后期，胚胎死亡率增多，血液不容易凝固，排血样稀粪，严重的流血不止而死亡。

3.病变 剖检可见血液凝固不良，皮下和脏器出血，呈点状或条状，肌肉、翅膀尤为严重。

（二）防治

1.预防 日粮中注意添加多种维生素，并配合适量青绿饲料、鱼粉等富含维生素K的物质。另外，注意不要饲喂霉变饲料。

2.治疗 对病鸽可肌肉注射维生素K_3注射液，每只鸽0.5～3毫克；或每千克饲料中添加维生素$K_3$3～8毫克；同时喂给一些绿色青菜。

一般用药后4～6小时，可使血液凝固恢复正常，但制止出血和治愈贫血需要数天时间才可见效，同时给予钙剂治疗，疗效会更好些。

维生素B_1缺乏症

关键技术

诊断： 本病诊断的关键是突然发病，头向背后极度弯曲，跗关节和尾部着地，呈特征性的“观星姿势”，腿麻痹不能站立和走路。

防治： 本病防治的关键是针对病因采取措施，日粮中添加多种维生素。病鸽可肌肉注射维生素B_1针剂或口服维生素B_1片剂。

维生素B_1，又称“硫胺素”，是一种水溶性维生素，在加热和碱性环境中易于破坏。当维生素B_1缺乏时，引起碳水化合物代谢障碍及神经系统病变，称维生素B_1缺乏症，也称多发性神经炎。

（一）诊断要点

1.病因 维生素B_1在青绿饲料、麸皮、酵母中含量丰富，而且肠道微生物可以合成一部分，所以一般不会发生缺乏症。

当饲料存放在有光照、过热、不通风的地方，被雨淋或存放时间过久，都会使饲料中的维生素B_1受到不同程度的破坏；饲料中含量不足；饲料被碱化或蒸煮；饲料中含有某些蕨类植物（含维生素B_1的天然拮抗物——抗硫胺素）；饲料中加有球虫抑制剂——氨丙啉等因素存在时，就会发病。鸽患有慢性腹泻，或患有其他消耗性疾病，可诱发本病。

2.症状 雏鸽对维生素B_1缺乏最敏感，常会突然发病，头向背后极度弯曲，跗关节和尾部着地，坐在地面，呈特征性的"观星姿势"，腿麻痹不能站立和走路。有的病鸽倒地侧卧，头仍然后仰呈角弓反张状，痉挛，严重者衰竭死亡。

成年鸽缺乏维生素B_1，表现为病初食欲减退，羽毛松乱无光泽，腿软无力和步态不稳等神经炎症状。先是脚趾的屈肌麻痹，不能站立和行走，随后蔓延到腿、翅膀和颈部的伸肌出现麻痹。有些病鸽出现贫血和拉稀。

（二）防治

日粮中添加多种维生素可以避免发病。对已发病的鸽，可肌肉或皮下注射维生素B_1，每只每次2毫克，每天1～2次，连用5天；或给病鸽口服维生素B_1片剂，每只每次5毫克，每天1～2次，连用3～5天。

用药后一般数小时可出现好转。由于本病引起极度的厌食，所以在饲料中添加维生素的治疗方法是不可靠的，应引起注意，否则达不到治疗目的。

维生素B_2缺乏症

关键技术

诊断：本病诊断的关键是雏鸽生长缓慢，但食欲尚好，趾爪向内弯曲，两腿瘫痪，以飞节着地。成鸽的产蛋数减少，孵化率降低。

防治：本病防治的关键是雏鸽一开食就应该注意添加维生素B_2，饲料不可贮存时间过长。但已发病的治疗效果往往不好。

维生素B_2，又称“核黄素”，维生素B_2缺乏症，常是幼鸽发生的以趾爪向内蜷曲、两腿瘫痪为特征的营养代谢性疾病。

（一）诊断要点

1.病因 长期用含维生素B_2贫乏的禾谷类饲料喂鸽而不注意添加维生素B_2或青绿饲料；维生素B_2易被紫外线、碱及重金属盐破坏；饲喂高脂肪、低蛋白日粮时维生素B_2的需要量增加；患有胃肠道疾病时维生素B_2在小肠的吸收和转化发生障碍。

2.症状 日粮中缺乏维生素B_2时，雏鸽生长极为缓慢，逐渐消瘦衰弱，但食欲尚好，多在1～2周龄出现腹泻。

其特征性的表现为趾爪向内弯曲，两腿瘫痪，以飞节着地进行休息，强行驱赶时则借助于翅膀用跗关节走动。腿部肌肉萎缩并松弛，皮肤干而粗糙，后期往往因行走、站立困难，饥饿而死。

成鸽的产蛋数减少，鸽蛋孵化率降低，在孵化最初的2～3天死亡增多。孵出的雏鸽多带有先天性麻痹症状，体小而浮肿。

3.病变 病死雏鸽肠壁薄，肠腔内充满泡沫状内容物。成鸽的坐骨神经和臂神经显著肿大和变软，尤其坐骨神经的变化更为显著，直径比正常大4～5倍。

（二）防治

1.预防 本病应预防为主。对已发生脚爪蜷缩、坐骨神经损伤的病鸽，用维生素B_2治疗无效，已出现的病变也难以恢复正常。因此，对雏鸽一开食就应当喂全价配合饲料，或在每吨饲料中添加2～3克维生素B_2即可预防本病的发生。但需注意，维生素B_2遇光、碱性物质等易失效，饲料不可贮存时间过长。

2.治疗 可在每千克饲料中加入维生素B_2 20毫克，连喂1～2周，可治愈病变较轻的鸽，并可防止继续出现病鸽，成年鸽用药1周后产蛋率回升，孵化率接近正常。

维生素B_3缺乏症

关键技术

诊断：本病诊断的关键是头羽脱落，头部、趾间和脚底部皮肤发炎，外层皮肤脱落并产生裂隙，以致行走困难。口腔内有脓样物质，腺胃内有混浊的灰白色渗出物。

防治： 本病防治的关键是日粮中加入花生饼、苜蓿粉、酵母片（粉）或啤酒酵母等富含泛酸的饲料或加入泛酸钙，发病的鸽可口服或注射泛酸。

维生素B_3缺乏症又称泛酸缺乏症，是由于日粮中泛酸缺乏，引起的以全身广泛性皮炎、羽毛生长阻滞而粗乱为特征的营养代谢性疾病。

（一）诊断要点

1.病因 泛酸遍布于一切植物性饲料中，在一般日粮中不易缺乏。但长期单独饲喂玉米或饲料加工时经热、酸、碱等处理，可引起泛酸缺乏症。另外当维生素B_{12}缺乏时，鸽对泛酸的需求量可增加1倍以上。

2.症状 雏鸽表现羽毛生长阻滞和松乱，头羽脱落，眼睑被渗出物黏着，口角、眼睑、肛门周围有痂皮，头部、趾间和脚底部皮肤发炎，外层皮肤有脱落，并产生裂隙，以致行走困难。

成鸽严重缺乏泛酸时，产蛋率及种蛋孵化率均下降，胚胎在出壳前2～3天多数死亡，胚胎短小，皮下出血和严重水肿。种鸽日粮轻度缺乏泛酸时，产蛋率及种蛋孵化率都在正常范围，但孵出的雏鸽小而弱，出壳后24小时内死亡率很高，可达50%。

3.病变 病死鸽口腔内有脓样物质，腺胃内积有混浊的灰白色渗出物。肝肿大呈浅至深黄色，脾脏轻度萎缩。

（二）防治

1.预防 在日粮中加入花生饼、苜蓿粉、酵母片（粉）或啤酒酵母等富含泛酸的饲料，或每千克饲料补充10～20毫克泛酸钙，可有效预防本病的发生。

2.治疗 如果病情不太严重，通过口服或注射泛酸，继而将日粮中泛酸调整到适宜水平，维生素B_3缺乏症是可以完全治愈的。

维生素B_5缺乏症

关键技术

诊断： 本病诊断的关键是雏鸽生长缓慢，羽毛稀少，皮肤发炎有化脓样结节，跗关节肿大，骨短粗，腿骨弯曲。口腔黏膜发炎，有典型的“黑舌病”表现。

防治：本病防治的关键是日粮中配入麸皮、鱼粉、豆饼、啤酒酵母等富含烟酸的饲料。病鸽肌肉注射烟酸3～5毫克／千克体重，或每吨饲料中添加15～20克烟酸。

维生素B_5缺乏症又称烟酸（维生素PP）缺乏症和“糙皮病”，是由烟酸缺乏引起的以口炎、皮炎和跗关节肿大为特征的营养代谢性疾病。

（一）诊断要点

1.病因　饲料中色氨酸缺乏时，鸽对烟酸的需要量明显增多。玉米中不仅烟酸含量低，而且色氨酸也缺乏，所以如单纯以玉米作饲料，即可引起烟酸缺乏症。另外，患有寄生虫病、腹泻、肝病等可诱发本病。

2.症状　雏鸽表现生长缓慢，羽毛稀少，皮肤发炎有化脓样结节，跗关节肿大，骨短粗，腿骨弯曲。口腔黏膜发炎，有典型的“黑舌病”表现。成年鸽产蛋率和种蛋的孵化率降低。

（二）防治

1.预防　调整日粮中玉米比例或添加色氨酸，在日粮中配入麸皮、鱼粉、豆饼、啤酒酵母等富含烟酸的饲料，可预防本病的发生。

2.治疗　对病鸽可皮下或肌肉注射烟酸3～5毫克／千克体重，或每吨饲料中添加15～20克烟酸。但对后期病例（跗关节肿大）则较难治愈，应予淘汰。

如将烟酸与胆碱或蛋氨酸配合使用，效果较好。

维生素B_{11}缺乏症

关键技术

诊断：本病诊断的关键是病鸽表现特征性的伸颈麻痹（头向前伸直，抬不起来，以喙触地），若不及时投给叶酸，往往于症状出现后2天内死亡。

防治：本病防治的关键是饲喂全价饲料，不喂单一的玉米，日粮中配合酵母粉、麸皮等。发病时肌肉注射叶酸或口服叶酸片，同时配合维生素B_{12}、维生素E使用，疗效更好。

维生素B_{11}缺乏症又称叶酸缺乏症，是由叶酸缺乏引起的以生长不良、贫血、羽毛色素缺乏、有的发生伸颈麻痹为特征的营养代谢性疾病。

（一）诊断要点

1.病因 叶酸在各种青绿饲料中含量丰富，酵母粉、苜蓿粉、棉仁饼、麦麸中含叶酸也较多，故一般配合饲料中不会缺乏。但当鸽子以吃玉米为主时，因玉米中的叶酸含量很少，就会发生叶酸缺乏症。

2.症状 雏鸽患病时表现生长停滞，贫血，羽毛生长不良或色素缺乏。部分鸽表现特征性的伸颈麻痹（头向前伸直，抬不起来，以喙触地），若不及时投给叶酸，往往于症状出现后2天内死亡。

成年鸽叶酸缺乏者则出现产蛋率下降，蛋的孵化率降低，死亡胚的嘴变形及胫跗骨弯曲。

（二）防治

1.预防 应饲喂全价饲料，不能喂单一的玉米。日粮中配合酵母粉、麸皮等富含叶酸的饲料，或添加多种维生素都可预防本病的发生。

2.治疗 发现病鸽，及时治疗，多数能很快康复。

发病时肌肉注射叶酸注射液50～100微克／只鸽，或在饲料中加入5毫克叶酸／千克饲料，同时配合维生素B_{12}、维生素E使用，疗效更好。

维生素C缺乏症

关键技术

诊断：本病诊断的关键是病鸽表现为精神委顿，食欲不振，口腔黏膜发炎，进行性消瘦，贫血及关节炎，机体抵抗力下降，易发生坏血病和各种疾病。

防治：本病防治的关键是用营养全面的全价料，要尽可能做到饲料多样化和青绿饲料新鲜化，发病时可直接用维生素C粉饮水或用维生素C片投服，效果良好。

维生素C又称抗坏血酸，能参加体内氧化还原反应，参与细胞间质的合成，利于创伤愈合，降低血管脆性，参与核酸形成，促进铁在肠内的吸收，激活胃肠道各种酶，有利于消化。

鸽子能在体内合成维生素C，基本能满足正常生长和骨骼发育的需要。新鲜水果和蔬菜中含量较丰富，在碱性溶液和金属容器中加热易破坏。

（一）诊断要点

1.病因　如饲料中长期缺乏维生素C，或饲料加工不当，就会造成维生素C缺乏症。

2.症状　病鸽表现为精神委顿，食欲不振，口腔黏膜发炎，进行性消瘦，贫血及关节炎，机体抵抗力下降，易发生坏血病和各种疾病。

（二）防治

1.预防　饲料不可单一，最好用营养全面的全价料，要尽可能做到饲料多样化和青绿饲料新鲜化，保健沙也要新鲜，以确保鸽子健康生长。

2.治疗　一般采取对症疗法，如供应多维葡萄糖水，添加酵母粉等，也可直接用维生素C饮水或用维生素C片投服，每只每次25毫克，每天2次，连用3～5天。饮水时要现用现配，以防失效。

胆碱缺乏症

关键技术

诊断：本病诊断的关键是雏鸽生长停滞，腿关节肿大。胫骨和跗骨变形和跟腱滑脱。成年鸽肝肿大，色泽变黄，过多脂肪在肝脏沉积，肝质地极度脆弱。

防治：本病防治的关键是注意饲料的多样化，供给富含胆碱的饲料。日粮中加入氯化胆碱、维生素E，连续饲喂，效果较好。

胆碱缺乏症是由于日粮中胆碱缺乏而引起的脂肪代谢障碍，使大量的脂肪在肝脏内沉积形成脂肪肝。

（一）诊断要点

1.病因　鸽对胆碱的需要量较多（与其他维生素相比），虽然某些饲料（如鱼粉、饼粕类等）富含胆碱，体内也能合成一些，但并不能满足需要，尤其是雏鸽，合成量很少，主要靠饲料供给。因玉米中含胆碱很少，所以单纯以玉米喂鸽易引起胆碱缺乏症。

当日粮中蛋氨酸、维生素B_{12}和叶酸（均可参与胆碱的合成）缺乏时，鸽对胆碱的需要量增加。日粮中维生素B_1和胱氨酸增多时，能促使胆碱缺乏症的发生。长期应用抗生素和磺胺类药物能抑制胆碱在体内的合成，可诱发本病。

2.症状 雏鸽表现生长停滞，腿关节肿大。病变为胫骨和跗骨变形和跟腱滑脱。

成年鸽容易发生脂肪在肝脏的沉积。表现为产蛋量下降，种蛋孵化率降低。

3.病变 剖检可见肝肿大，色泽变黄，表面有出血点或出血斑，质地极度脆弱。肾脏和其他器官也有脂肪浸润和变性。

（二）防治

1.预防 平时应注意饲料的多样化，供给富含胆碱的饲料，必要时可专门补充胆碱，可预防本病的发生，促进生长，提高产蛋率或孵化率。

2.治疗 可在每千克日粮中加入氯化胆碱1克、维生素E10单位，连续饲喂，疗效较好。

钙磷缺乏症

关键技术

诊断： 本病诊断的关键是雏鸽喜欢蹲伏，不愿走动，异嗜，喙和爪变得较易弯曲，跗关节肿大，肋骨末端呈念珠状小结节，胸骨呈“S”状弯曲变形。成年鸽产软蛋。

防治： 本病防治的关键是保证日粮中钙磷的供给量并调整钙磷比例，补充维生素D_3。

钙磷缺乏症是由于钙磷及维生素D缺乏，或钙磷比例失调引起钙磷代谢障碍，临床表现以雏鸽佝偻病、成年鸽软骨病为特征的一种营养代谢性疾病。

（一）诊断要点

1.病因 日粮中钙磷缺乏或维生素D不足或钙磷比例失调；患胃肠病或肝、肾疾病，影响钙磷吸收、运转和沉积；日粮中蛋白质、脂肪、植酸盐过多，光照不足，环境温度过高等都可导致本病的发生。

2.症状 雏鸽发生佝偻病，病鸽喜欢蹲伏，不愿走动，食欲不振，异嗜，生长发育迟缓。喙和爪变得较易弯曲，跗关节肿大，跛行，肋骨末端呈念珠状小结节。

成年鸽发生软骨症或产软蛋。后期病鸽胸骨呈“S”状弯曲变形。

3.病变 全身各部骨骼都有不同程度肿胀，骨体容易折断，骨质软化，骨密度变薄，骨髓腔变大，肋骨变形，胸骨呈“S”状弯曲。

（二）防治

1.预防 加强饲养管理，保证日粮中钙磷的供给量并调整钙磷比例，补充维生素D_3。

2.治疗 一般通过日粮中补充骨粉或鱼粉防治本病，疗效较好。必要时进行日粮钙磷含量检测，若钙多磷少，则在补钙的同时重点补磷，以磷酸氢钙为宜；若磷多钙少，则主要补钙。另外，应加喂鱼肝油或补充维生素D_3。

氯和钠缺乏症

关键技术

诊断：本病诊断的关键是日粮中添加食盐不足时，幼鸽精神委靡，食欲降低，生长发育停滞。成年鸽产蛋量减少，蛋重变小，种蛋孵化率降低，羽毛脱落和发生啄羽。

防治：本病防治的关键是平时在饲料中适量地添加食盐，但不能过多，过多则会中毒。

钠，主要以氯化钠（食盐）、碳酸钠和磷酸钠的形式存在于家禽的血液和体液中，对家禽维持血液细胞内外的正常渗透压和血液的酸碱度的调节有密切关系，并与钾和钙保持正常平衡，对于维持心脏的正常活动也有重要作用。另外，食盐还能增进食欲，帮助消化。

（一）诊断要点

1.病因 鸽子的日粮中如不添加食盐或添加不足，食盐的摄入量不能补充排出时，就可能出现低钠综合征；钾与钠供应比例失调，也会导致钠的缺乏症。

2.症状 幼鸽表现精神委靡，食欲降低，生长发育停滞和对饲料的利用效果下降。成年鸽缺乏食盐时，产蛋量减少，蛋重变小，种蛋孵化率降低，羽毛脱落和发生啄羽。

幼鸽饲料中氯的含量不足时，生长不良，鸽的体重下降，身体脱水。血中氯含量降低，鸽对声音过敏，表现不安，还可出现两腿后伸、倒地类似痉挛的神经症状，死亡率高。

（二）防治

1.预防 平时应注意在饲料中适量地添加食盐，但不能过多，过多则会中毒，当用量超过8%时就会使鸽死亡。

2.治疗 病情轻的鸽子，可在保健沙中按比例加入食盐，任其自由食用。如是由于严重腹泻而引起的低钠症，可静脉注射生理盐水10～20毫升、5%葡萄糖10毫升和维生素C10毫克。

锰缺乏症

关键技术

诊断：本病诊断的关键是胫、跗关节增大，长骨短粗，病鸽腿部变弯曲或扭转，使腓肠肌腱从跗关节的骨槽中滑出而呈现脱腱症状，不能行动。但骨骼的硬度良好。

防治：本病防治的关键是含有大量玉米、鱼粉的日粮容易缺锰，可在饲料中添加硫酸锰或用高锰酸钾溶液饮水。同时添加氯化胆碱、多种维生素，疗效更好。

锰缺乏症，又名“滑腱症”、“骨短粗症”，是由于鸽日粮中锰缺乏引起的一种营养性腿病，以跛行和跗关节肿大、腱腱为特征。

（一）诊断要点

1.病因 常见病因有：日粮中锰缺乏；鸽患腹泻、球虫病以及日粮中钙、磷、铁、植酸盐含量过多时，影响机体对锰的吸收、利用；胆碱、烟酸、生物素及维生素D、维生素B_2、维生素B_{12}不足时，鸽对锰的需要量增加。

2.症状 雏鸽患病时表现生长停滞，发生骨短粗症。胫、跗关节增大，胫骨下端和跖骨上端弯曲扭转，使腓肠肌腱从跗关节的骨槽中滑出而呈现脱腱症状，病鸽腿部变弯曲或扭转，不能行动，影响采食，直至饿死。剖检见骨骼短粗，管骨变形，骺肥厚。骨骼的硬度良好，相对重量未减少或有所增加。

成年鸽缺锰时，产蛋量显著减少，蛋壳变薄，鸽蛋的孵化率明显降低，胚胎大多数在出壳前1～2天死亡。胚胎短小，骨骼发育不良，翅短，腿短而粗，头呈圆球样，喙短弯呈特征性的"鹦鹉嘴"。

（二）防治

含有大量玉米、鱼粉的日粮容易缺锰，可在100千克饲料中添加12～24克硫酸锰，或用1∶3 000的高锰酸钾溶液饮水，每天更换2～3次，连用2天，隔3天再用2天，可预防和治疗本病。同时在饲料中添加氯化胆碱、多种维生素，疗效更好。

但已发生腿骨变形和脱腱的病鸽，治疗无效，应予淘汰。

铁缺乏症

关键技术

诊断： 本病诊断的关键是鸽子在发育期、哺乳期、产蛋期时，易发本病。表现生长迟缓，深颜色的羽毛退色，羽毛无光泽，喙和爪等无毛区苍白。抗病力降低，或由于贫血而死亡。

防治： 本病防治的关键是使用全价饲料，并添加铁制剂，发病时可用硫酸亚铁片剂治疗。

铁是造血和形成羽毛色素所必需的物质，也是某些组织酶的主要成分。

（一）诊断要点

1.病因 正常情况下不容易发生铁的缺乏，但在鸽子发育期、哺乳期、产蛋期、患寄生虫病和肠道吸收障碍时，就会发生铁的缺乏。

2.症状 鸽子缺铁时，表现食欲降低，生长迟缓，深颜色的羽毛退色，羽毛无光泽，喙和爪等无毛区苍白。严重者呼吸困难，心率加快，抗病力降低，或由于贫血而死亡。

（二）防治

1.预防 要使用全价饲料，并添加铁制剂，剂量可参照镁缺乏症中有关微量元素的配制比例，放入保健沙中，让鸽子自由食用。

2.治疗 可用硫酸亚铁片剂（每片0.3克），每片可喂50～60只鸽，每天1次，连用5～7天为一疗程。

锌缺乏症

关键技术

诊断：本病诊断的关键是当饲料中含钙过多，容易发生锌缺乏，表现生长迟缓，羽毛生长不良，跗关节增大，长骨短而粗，脚发生皮炎，成年鸽产蛋率、孵化率降低，孵出的雏鸽畸形。

防治：本病防治的关键是日粮中应用含锌丰富的肉粉和鱼粉，缺乏时也可在饲料中添加氧化锌、硫酸锌或碳酸锌。但过多会引起中毒。

锌缺乏症是由于锌缺乏引起部分氨基酸代谢、核酸合成障碍。临床以生长迟缓，跗关节增大，以及骨骼及胚胎发生一系列病变为特征的一种营养代谢性疾病。

（一）诊断要点

1.病因 钙对锌有拮抗作用，如果饲料中含钙过多，就会导致锌缺乏；饲料含植酸盐过多（如生黄豆粉中含有相当多的植酸盐）时，植酸盐可与锌结合成不溶性络合物，就会发生锌缺乏症。

2.症状 发育的鸽缺锌时，表现生长迟缓，羽毛生长不良，跗关节增大，长骨短而粗，脚发生皮炎，腿无力。成年鸽缺锌时，产蛋率和种蛋的孵化率降低，孵出的雏鸽畸形，生活力低下，骨骼发育不良。

（二）防治

每千克日粮中含锌50～100毫克可满足鸽对锌的需要。可应用含锌丰富的肉粉和鱼粉作为补充饲料，也可在饲料中添加氧化锌、硫酸锌或碳酸锌。

但饲料中含锌也不宜过多，超过800毫克／千克会影响铁和铜的吸收，并引起生长不良、厌食等毒性反应。

碘缺乏症

关键技术

诊断：本病诊断的关键是鸽子的甲状腺肥大、增生、黏液性水肿。幼鸽生长迟缓，骨骼发育不良。长羽生长不良，羽毛呈花边状。成年鸽产蛋量和蛋的孵化率降低。

防治：本病防治的关键是在每千克饲料中添加碘化钾，可参照镁缺乏症中有关微量元素的剂量配制，放入保健沙中，让鸽子自由食用。

碘是有很高生物活性的一种微量元素，是甲状腺素的主要成分，对物质代谢起重要作用。海鱼粉、海贝壳粉含有丰富的碘。

（一）诊断要点

1.病因　饲料本身含碘不足，或补充的微量元素添加剂质量差，不能满足机体需求，使体内碘代谢平衡破坏，导致甲状腺功能紊乱。甲状腺分泌不正常，就会发生碘缺乏症。

2.症状　碘缺乏时，鸽子的甲状腺肥大、增生、黏液性水肿。幼鸽生长迟缓，骨骼发育不良。长羽生长不良，羽毛呈花边状，蛋白质、碳水化合物、脂肪和矿物质代谢紊乱，对传染病的抵抗力降低。成年鸽产蛋量和蛋的孵化率降低。

（二）防治

在每千克饲料中添加碘化钾0.40毫克，或参照镁缺乏症中有关微量元素的剂量配制，放入保健沙中，让鸽子自由食用。

硒缺乏症

关键技术

诊断：本病诊断的关键是缺硒地区或长期饲喂含硒量低的饲料时，发育的鸽易发生。在胸、腹部皮下出现淡蓝绿色水肿。骨骼肌、心肌变性色淡，似煮肉样，呈黄白色点状、条状或片状。脑组织软化，脑膜充血、出血。

防治：本病防治的关键是对病鸽用亚硒酸钠溶液皮下或肌肉注射，或配成水溶液供雏鸽饮用。同时注意配合维生素E进行治疗。

硒缺乏症是由硒缺乏引起的临诊以雏鸽渗出性素质、白肌病（由硒和维生素E共同缺乏引起的）、幼鸽脑软化（由维生素E缺乏作为主要原因）为特征的营养代谢性疾病。

（一）诊断要点

1.病因 长期饲喂含硒量低的饲料，又未补充硒添加剂；维生素E、含硫氨基酸、不饱和脂肪酸等缺乏，可促使硒缺乏症发生。本病常常与维生素E缺乏症同时发生。

本病有一定的地区性（低硒地区易发生），且呈一定的季节性（冬春季多发）。

2.症状 缺硒（和维生素E）可表现为以下几种病型。

（1）渗出性素质：多见于2～3周龄雏鸽开始发病，到3～6周龄时发病率高达80%～90%。多呈急性经过，病雏低头缩颈，羽毛松乱，精神倦怠，厌食。在胸、腹部皮下出现淡蓝绿色水肿，从体表很容易观察到，可扩展至全身。排稀粪或水样便，最终衰竭而死。

剖检可见水肿部有淡黄绿色的胶冻样渗出物或纤维蛋白凝固物。

（2）白肌病：以4周龄雏鸽多发，病雏全身软弱无力，贫血，羽毛松乱下垂，腿麻痹而卧地不起，衰竭死亡。剖检可见骨骼肌、心肌变性色淡，似煮肉样，呈黄白色点状、条状或片状。肝脏、胰腺、肾、脑等也有变性和出血变化。

（3）脑软化症：见维生素E缺乏症。

（二）防治

1.预防　一般在每千克日粮中添加0.1～0.2毫克亚硒酸钠和20毫克的维生素E，即可预防本病的发生。

2.治疗　对病鸽可用0.005%亚硒酸钠溶液皮下或肌肉注射，雏鸽0.1～0.3毫升，成年鸽1.0毫升，间隔3天再用1次。也可将亚硒酸钠配成每1 000毫升水中含0.1～1.0毫克亚硒酸钠的水溶液供雏鸽饮用，5～7天为一个疗程，效果良好。同时注意配合维生素E进行治疗。

镁缺乏症

关键技术

诊断：本病诊断的关键是幼鸽食欲下降，软弱无力，生长缓慢，骨骼变形，出现痉挛、神经性震颤，严重时呈昏迷状态。成年鸽产蛋减少，所产蛋的孵化率降低，甚至昏迷死亡。

防治：本病防治的关键是用硫酸镁与其他多种微量元素按比例配制，放入保健沙中，让鸽子自由食用。

镁和体内的钙、磷，在代谢中有着密切的关系，是鸽子骨质构成所必需的元素。在蛋白质与碳水化合物的代谢中有重要作用，又是许多酶系统的催化剂。镁在谷物类等植物性饲料中含量丰富。

（一）诊断要点

1.病因　饲料中钾的含量过高，就会引起镁缺乏。

2.症状　幼鸽缺镁时，表现食欲下降，软弱无力，生长缓慢，骨骼变形，出现痉挛。先是短期的惊厥，然后出现神经性震颤，严重时呈昏迷状态。成年鸽缺镁时，产蛋减少，所产蛋的孵化率降低，甚至昏迷死亡。

（二）防治

预防本病，可用硫酸镁与其他多种微量元素按比例配制，放入保健沙中，让鸽子自由食用。各微量元素的配制比例，按每100克加入下列成分：

硫酸锰0.15克氯化钴0.1克氯化钠0.1克

碘化钾0.05克硫酸铜0.5克硫酸亚铁0.15克

硫酸镁0.15克硫酸锌0.2克

石膏粉或钙粉补足100克，混合均匀。

每50克保健沙加入上述混合物200克，混合均匀，任鸽子自由食用。但要注意，镁过量则会导致钙缺乏。

七、鸽中毒性疾病

喹乙醇中毒

关键技术

诊断： 本病诊断的关键是当盲目加大喹乙醇用量或混料搅拌不均时，病鸽畏寒，尖叫，呼吸困难，拉稀，死前抽搐。口腔有多量黏液，血液凝固不良。肝质脆或有坏死点。胆囊肿大，充满黑绿色胆汁。肾稍肿大，有出血点。腺胃与肌胃交界处有出血带。

防治： 本病防治的关键在于小心用药，目前对本病尚无特效疗法。

喹乙醇又名喹酰胺醇、快育诺，是德国拜耳化学药品公司于1970年研制成功的。最早只用作肉猪、肉牛的生长促进剂，但目前已广泛用于养禽业。此药性质稳定，在45℃以下存放有效期至少为3年。淡黄色，无臭，微苦，易溶于热水而微溶于冷水，可与微量元素及常用的添加剂配伍。

喹乙醇有促进生长和抗菌两大作用，用量很小而作用明显。可以促进饲料转化率和增重率；对金色葡萄球菌、化脓性链球菌、巴氏杆菌、大肠杆菌及沙门氏菌等革兰氏阴性菌有明显的抗菌作用，因用量不易掌握，中毒病例常见，故已被农业部列为禁用药。

（一）诊断要点

1.病因 常因盲目加大喹乙醇用量或混料搅拌不均而引起中毒。

2.症状 鸽中毒时可表现精神不振，食欲减退或废绝，畏寒，尖叫，呼吸困难，口腔黏膜及眼结膜发紫。拉稀粪，死前抽搐，死亡数骤增。

3.病变 可见口腔有多量黏液，血液凝固不良。病程短的肝呈暗紫色，以后随着病程的延长而变淡或红白相间，后期淡黄色，质脆，或有坏死点，胆囊肿大，充满黑绿色胆汁。肾稍肿大，有出血点，腺胃与肌胃交界处有出血带。

（二）防治

目前对本病尚无特效疗法。曾有人试用投以甘草糖水及增加维生素的方法，不见疗效。但也曾有在供饮糖水的同时于饲料中加入胆碱可减少死亡的报道。

痢特灵中毒

关键技术

诊断：本病诊断的关键是当药物在饲料中混合不均匀或用量过大时易发生中毒，表现共济失调，先兴奋、蹦跳，后沉郁，继而发生肢体麻痹，倒地不起，最后抽搐死亡。

防治：本病防治的关键是发现后立即以0.01％～0.04％高锰酸钾溶液投服，可缓解中毒症状和避免死亡。使用该药时要严格按照规定的用量、用法投药。不可随意加量和延长使用时间。

痢特灵属于呋喃类药物，在养禽业中常用的是呋喃西林和呋喃唑酮（痢特灵）。该药呈黄色，水溶性小而毒性大。特别是呋喃西林，其毒性为呋喃唑酮的10倍，而在实际使用中，前者已被后者所取代。此类药在热水中溶解度有所增加，但也不全溶。

（一）诊断要点

1.病因 常可因在饲料中混合不均匀、在水中没有充分溶解，或热水放凉后又重新析出，这些溶液均可使鸽摄入的药量增加。用量过大，或虽用量恰当，但投药时间过长，都可引起鸽的中毒。

2.症状 中毒鸽表现共济失调，反应性升高，先兴奋、蹦跳，后沉郁，继而发生肢体麻痹，倒地不起。食欲停止，渴欲增加，最后抽搐、死亡。病程1～4天。

（二）防治

一经发现应立即以0.01%～0.04%高锰酸钾溶液投服，可缓解、减轻中毒症状和避免死亡。使用该药时要严格按照规定的用量、用法投药。不可随意加量和延长使用时间。

磺胺药物中毒

关键技术

诊断：本病诊断的关键是当药物用量大或时间长时发生，表现为贫血或眼睑出血，皮下、肌肉尤其是胸肌和腿肌呈广泛性出血，血液稀薄如水，凝固不良。肝苍白及肿大，肾脏肿胀或坏死。

防治：本病防治的关键是发现中毒应立即停药，用糖盐水、碳酸氢钠水供鸽饮用，饲料中添加多种维生素特别是维生素K3和维生素K_4、维生素C。同时肌肉注射维生素B_{12}或叶酸，都有一定的治疗效果。

磺胺类药物目前已达20～30种。因其来源广泛，价格低廉，抗菌效果好，在原虫病及细菌病中都被广泛地应用。磺胺类药物大多有较大的毒副作用如磺胺噻唑等（少数例外，如磺胺间甲氧嘧啶），主要表现对肾脏不同程度的损害。

（一）诊断要点

1.病因 用量大或用药持续时间长。

2.症状 急性中毒主要表现为贫血或眼睑出血。慢性中毒的还有精神和食欲不振。成年雌鸽产的蛋，蛋壳质量下降或产蛋数减少。剖检的显著特点是出血性变化，可见皮下、肌肉，尤其是胸肌和腿肌呈广泛性的点状或斑状出血，实质器官有出血点，血液色淡，稀薄如水，凝固不良或凝固时间延长。骨髓变黄，肝苍白及肿大，肾脏肿胀或坏死。

（二）防治

发现中毒应立即停用，采取护肝、护肾、控制出血及加快药物排出等措施。如以3%～5%糖盐水、1%碳酸氢钠水供鸽饮用，饲料中添加0.05%的多种维生素，特别是维生素K_3和维生素K_4、维生素C。此外，可同时用3～8倍剂量的维生素B_{12}或叶酸肌肉注射，这些措施都有一定的治疗效果。

有机磷农药中毒

关键技术

诊断：本病诊断的关键是病鸽乱飞，流泪或流涎，瞳孔缩小，呼吸困难，颤抖，排粪频繁，抽搐，昏迷。皮下或肌肉有点状出血。上消化道内容物有大蒜味，心肌及心冠脂肪有出血点。

防治：本病防治的关键是催吐，切开嗉囊，灌服硫酸铜、油类泻剂。特效解毒药有：解磷定、氯磷定、硫酸阿托品，可注射使用，并用维生素C和葡萄糖饮水。

有机磷农药是农业上应用广泛的一类高度脂溶性杀虫剂，对禽、畜、人都有毒性作用。这类杀虫剂种类较多，毒性各不相同。常分以下3类。

剧毒类：内吸磷（1059）、对硫磷（1605）、甲拌磷（3911）、甲基对硫磷、八甲磷。其中内吸磷和对硫磷毒性最大，这两种农药严禁用于灭蝇、蚊、蚤、臭虫，也不能用来毒鼠、鱼或鸟兽。

强毒类：甲基内吸磷、敌敌畏（DDVP）。

低毒类：敌百虫、乐果、马拉硫磷（4049）等。

（一）诊断要点

1.病因　中毒的发生原因，主要有下列几方面：使用被污染的饲料或水源；鸽误食被毒死的害虫或其他小动物；饲喂刚施药不久便收获的作物作饲料；体外驱虫选药不当或用量过大、使用不得法等。

2.症状　急性中毒时，表现无目的的飞动或奔走，食欲下降或废绝，流泪或流涎，瞳孔缩小，呼吸困难，可视黏膜暗红，精神沉郁，颤抖，排粪频繁，头颈尽量向腹部弯曲。后期卧地，抽搐，昏迷，最后死于衰竭。

3.剖检 可见皮下或肌肉有点状出血。上消化道内容物有大蒜味，胃肠黏膜有炎症。喉、气管内充满带气泡的黏液，腹腔积液，肝、肾土黄色，肺淤血、水肿，心肌及心冠脂肪有出血点。

（二）防治

1.预防 应注意有机磷农药的保管、贮存、使用方法、使用剂量及安全的要求。鸽场附近禁止存放和使用此类农药，严防饲料和饮水受农药的污染。禽舍内灭蚊时，一定不可使用敌敌畏等强毒和剧毒农药，应选用天然除虫剂一类的低毒灭蚊药。消灭鸽虱、鸽螨时，也要尽可能不使用敌百虫等。

2.治疗 发生有机磷农药最急性中毒时，往往来不及治疗即大批死亡。

一般发生的中毒，多为急性中毒，及时发现及时采取措施。如发现得早，应立即停止使用可疑的饲料和饮水，并内服催吐药或切开嗉囊，排出含毒饲料，灌服0.1%硫酸铜或0.1%高锰酸钾，或用颠茄酊喂服0.01～0.1毫升。也可用植物油、蓖麻油或石蜡油等泻剂，促进拉稀排毒，缓解中毒症状。

对个别中毒严重的鸽，可注射特效解毒药，这些药解毒效果好，副作用小。

解磷定：按每千克体重0.2～0.5毫升，一次肌肉注射。

25%氯磷定：每只鸽1毫升，肌肉注射。

硫酸阿托品：每只鸽0.1～0.2毫升，一次肌肉注射，可缓解肠道痉挛和瞳孔缩小。如还未出现症状的鸽，也可口服阿托品片加以预防。

另外，饲料中增加多种维生素添加量，并用维生素C和葡萄糖饮水，有助于机体康复。

有机氯中毒

关键技术

诊断：本病诊断的关键是病鸽先兴奋后抑制，不断鸣叫，扇动两翅，出现角弓反张后不久便死亡。消化道黏膜水肿、坏死和溃疡明显，全身组织器官黄染，心肌和骨骼肌斑点状坏死。

防治：本病防治的关键是用硫酸阿托品、氯磷定肌肉注射。用石灰水灌服或直接注入嗉囊。

有机氯是农业上常用的杀虫药之一，常用来治疗家禽体外寄生虫和杀灭蚊、蝇等，使用不当，易引起家禽中毒。

（一）诊断要点

1.病因 在杀灭鸽子体外寄生虫时，用量过大或体表接触药物的面积过大，经皮肤吸收的药物过多；误食被农药污染的饲料和饮水；食入被农药杀死的昆虫、蝇类或拌过农药的种子而引起中毒。

2.症状 急性中毒时，表现先兴奋后抑制，不断鸣叫，扇动两翅，出现角弓反张后不久便死亡。病程稍长的鸽，会出现昏迷状态和有机磷中毒类似的症状。

3.病变 急性中毒的病变是消化道黏膜水肿、坏死和溃疡明显。慢性中毒的鸽，突出的病变是全身组织器官黄染，肾脏肿胀、出血，肺充血、水肿，肝脏黄色，心肌和骨骼肌呈斑点状坏死。

（二）防治

1.预防 农药要妥善保管，掌握好有机氯农药的正确使用方法、浓度和时间，防止中毒。

2.治疗 发现鸽子有中毒症状，应立即停止使用可疑的饲料和饮水。并采取下列方法解毒：

硫酸阿托品，每只每次0.1～0.2毫升，肌肉注射。

25%氯磷定，每只每次1～2毫升，肌肉注射。

用0.3%～1%石灰水的上清液灌服，成年鸽每只每次3～5毫升，或直接注入嗉囊，以中和有机氯。

如为体表接触引起中毒的，可用肥皂水喷洒或洗浴，并用3%～5%的低渗葡萄糖水溶液灌服，有助于机体排毒和促进康复。

砷中毒

关键技术

诊断：本病诊断的关键是病鸽流涎，寒颤，瞳孔散大，剧烈腹痛，血样下痢，痉挛。胃和肠道肿胀，有大量分泌物，肌胃角质膜极易剥落，胃黏膜出血。脂肪变柔软，呈橘黄色。血液呈深红色水样，不易凝固。

防治：本病防治的关键是用砷的特效解毒剂：2份氧化镁、10份硫酸亚铁溶液、60份水混匀，每鸽每次灌服1～2毫升，会有较好的疗效。

砷化合物有砷酸钾、砷酸铅和三氧化砷等，它们是一种农药，用于灭鼠剂、杀虫剂及除草剂。

（一）诊断要点

1.病因　鸽食用或饮用了含砷残留量过多的饲料和饮水；误食了被该类农药毒死的昆虫或喷洒过农药的谷物或误食了灭鼠药而发生中毒。

2.症状　急性中毒时，病鸽表现流涎，寒颤，渴欲强烈，心跳微弱，瞳孔放大，剧烈腹痛，血样或水样下痢，并有恶臭气味，体温正常。可在1～3天死亡。

慢性中毒时，病鸽主要表现为食欲不振，渴欲增加，运动失调，头部痉挛，黏膜呈砖红色，顽固性便秘，和下痢相交替，鸽子衰弱，但体温正常。

3.病变　剖检可见嗉囊、肌胃和肠道肿胀，有黏液性渗出物。肌胃中有液体蓄积，胃壁上的角质膜容易剥落，胃黏膜上有出血和胶样渗出物。肝质地变脆，呈黄棕色。肾肿胀、变形。脂肪组织变柔软，呈橘黄色。慢性中毒的病例，心脏增大，心肌质地松软，血液呈深红色水样，不易凝固。

（二）防治

1.预防　可参照有机磷农药中毒的“预防”部分。

2.治疗　发现鸽有中毒现象，立即停止使用可疑的饲料和饮水，并用2%氧化镁水溶液代替饮水。砷的特效解毒剂：2份氧化镁、10份硫酸亚铁溶液、60份水混匀，每鸽每次灌服1～2毫升，会有较好的疗效。

也可注射巯基类解毒药。

老鼠药中毒

关键技术

诊断：本病诊断的关键是当鸽误食了毒鼠的毒饵或被鼠药污染的饲料和水后，呈现慢性中毒过程，羽毛松乱，贫血，消瘦。皮下肌肉、各器官有点状出血，体腔有大量红色液体，胃肠有坏死灶。

防治：本病防治的关键是加强鸽场内毒鼠药的管理。治疗可用维生素K、口服葡萄糖、维生素C注射或灌服。

纯老鼠药为无味无臭的结晶，常是以拌入鼠爱食的饵料诱鼠中毒。

（一）诊断要点

1.病因　当鸽误食了毒鼠的毒饵或被鼠药污染的饲料和水即能造成中毒。

2.症状　一般鸽子鼠药中毒呈慢性过程，故无特征性的症状，一般表现喜光怕冷，眼无神，羽毛松乱，疲倦无力，不食不饮，贫血，消瘦，死于衰竭。剖检可见皮下、肌肉、各器官有点状出血，体腔有大量红色液体滞留，胃肠有坏死灶，但心肺正常。

（二）防治

1.预防　平时加强鸽场内毒鼠药的保管和使用。被毒死的鼠类应深埋，不要乱扔，以防误食中毒。

2.治疗　发现鸽有中毒现象，立即停止使用可疑的饲料和饮水。并采取以下方法：维生素K，按每千克体重0.5～1毫克，每天1次，皮下注射，连续使用4～5天；口服葡萄糖，每鸽每次5～10毫升灌服或自由饮用。此外，还可适量补充维生素C。采用上述方法均会取得较好的疗效。

黄曲霉毒素中毒

关键技术

诊断：本病诊断的关键是当饲喂发霉的饲料后，鸽子消瘦、贫血，腹泻带血，共济失调，最后呈角弓反张而死亡。肝肿大、出血、坏死，肾脏肿大。病程长的则表现肝缩小、硬化及出现癌变结节。

防治：本病防治的关键是发现中毒后立即停喂发霉饲料，供给葡萄糖、维生素C饮水来保肝。

黄曲霉毒素中毒是由于鸽食入发霉的饲料引起的一种急性或慢性中毒病，以肝脏受损和全身出血为主要特征。

（一）诊断要点

1.病因 当花生饼、玉米、豆粕、棉子仁等受潮热后最易受黄曲霉菌等污染，黄曲霉菌可产生毒力很强的黄曲霉毒素，鸽采食污染霉菌及其毒素的饲料后就可引起中毒。

2.症状 由于鸽的日龄、营养状态及毒素食入量等不同，本病的临床表现也有较大差异，一般分为急性型和慢性型。

（1）急性型：多发生于雏鸽。雏鸽对黄曲霉毒素相当敏感，中毒严重时，表现精神委顿、食欲减退或废绝，消瘦，贫血，腹泻带血，共济失调，最后呈角弓反张而死亡。若不及时更换饲料，本病的死亡率会很高。

（2）慢性型：鸽食入含有低浓度黄曲霉毒素的饲料后，可引起慢性中毒，一般饲喂1～2周出现临床症状，表现生长缓慢，产蛋量下降，孵化率降低。

3.病变 急性病例主要表现肝肿大，弥漫性充血、出血、坏死，肾脏苍白，稍肿大。慢性病例则表现为肝体积缩小、硬化及出现癌变结节。

（二）防治

1.预防 关键是把好饲料关，不喂发霉饲料。配合饲料应存放于干燥、通风的环境中，而且不宜存放时间过长，以防霉变。

2.治疗 目前尚无特效疗法。发现中毒后，应立即停喂发霉饲料，换成优质全价饲料。供给5%葡萄糖水，让其自由饮用，并在水中加入维生素C5毫克/毫升，有一定的解毒保肝作用。

食盐中毒

关键技术

诊断：本病诊断的关键是病鸽饮欲增强，兴奋不安，嗉囊充满液体，运动失调，两腿无力，排水样粪便。皮下组织水肿，胃肠道黏膜充血、出血，脑膜血管充血、扩张，并有出血点。

防治：本病防治的关键是给予充足的清水和多维葡萄糖水，供鸽自由饮用。中毒初期的可灌服植物油缓泻剂，对有兴奋表现的鸽可投给镇静剂。

食盐是鸽日粮中必需的营养物质，适量的食盐还可增加适口性，促进食欲。但当摄入过量的食盐时，会引起中毒，甚至造成死亡。

（一）诊断要点

1.病因　饲料中食盐含量过高是引起中毒的主要原因，而造成饲料中食盐含量过高的原因有多种，常见的是食盐配比计算错误；配合饲料时操作不慎重复加盐；使用咸鱼粉代替淡鱼粉时饲料配方中食盐添加量不减；治疗啄癖时在饲料中盲目添加食盐等等。另外，有时摄入食盐量并不多，但饮水不足，也可引起中毒。

2.症状　中毒较轻时，病鸽饮欲增强，食欲降低，粪便稀薄，表现兴奋不安，易惊群。严重中毒的病鸽表现精神委顿，食欲废绝，羽毛松乱，饮水量剧增，口鼻流黏液，嗉囊软胀，充满液体，运动失调，两腿无力，下痢，排水样粪便。后期瘫痪，多因衰竭而死。

3.病变　嗉囊内充满液体，皮下组织水肿，胃肠道黏膜充血、出血，肌胃弛缓，小肠黏膜肥厚，腹腔和心包积水，肺淤血水肿，肝淤血，肾肿大、色淡，有尿酸盐沉积。头部皮下浮肿，脑膜血管充血、扩张，并有出血点。

（二）防治

1.预防　配合饲料中的含盐量应控制在0.3%左右。对所用鱼粉等原料要测定含盐量，并根据情况决定食盐添加量。食盐要尽量磨碎，并搅拌均匀。平时要保证鸽群充足的饮水。

2.治疗 发现食盐中毒后，立即停喂原来的饲料或饮水，给予充足新鲜的清水或多维葡萄糖水，供鸽自由饮用，症状可逐渐好转。

对中毒较重的病鸽，要控制饮水量，应间断地逐渐增加饮用水，否则，一次大量饮水，会促进食盐吸收扩散，反而使症状加剧或导致组织严重水肿，尤其是脑水肿往往预后不良。

中毒早期的鸽，可灌服植物油缓泻剂，对有兴奋表现的鸽可投给镇静剂。

高锰酸钾中毒

关键技术

诊断： 本病诊断的关键是中毒鸽呼吸困难，震颤，腹泻，口腔黏膜深褐或黑褐色。消化道黏膜深褐或黑褐色，或有溃疡和糜烂、点状及斑状出血。胃肠道内容物也呈褐色。

防治： 本病防治的关键是平时用药时，内服浓度不超过0.1%。治疗采用鲜牛奶、蛋白水内服，以保护胃肠道黏膜。

高锰酸钾是强氧化剂，为紫蓝色结晶，可溶于水，它既是消毒、防腐、除臭剂，又是一些重金属、动植物毒素中毒的解毒剂。兽医上常用做皮肤、用具、场地的消毒。

（一）诊断要点

1.病因 引起中毒的原因，多是通过内服途径造成的，如用药时间过长，使用浓度过大或配水量过少，药物未经完全溶解便供饮用。

也有经体表、眼结膜而引起烧伤的，但较少发生。

2.症状 中毒鸽精神委顿，食欲不振，呼吸困难，毛松，震颤，腹泻，口腔黏膜深褐或黑褐色。剖检时可见消化道黏膜深褐或黑褐色，严重时形成弥漫性或局灶性溃疡或糜烂，有的还有点状或斑状出血。胃肠道内容物也呈现不同程度的褐色。接触性中毒的，可见体表有局部烧伤或溃疡病灶。

（二）防治

1.预防 平时用药时，内服浓度不超过0.1%，而且要将药溶解完全才能用，用药时间也不可超过24小时。

2.治疗 中毒的解救，主要是针对胃肠道炎症、损伤情况，采用鲜牛奶、蛋白水内服，以保护胃肠道黏膜。体表烧伤的，可先用清水冲洗干净，再涂上消炎或防止感染的软膏。

硫酸铜中毒

关键技术

诊断：本病诊断的关键是鸽表现神志昏迷，走路摇摆，呼吸困难，流涎和腹泻，黏膜呈淡蓝绿色。

防治：本病防治的关键是用氧化镁加入少许鲜牛奶或蛋白水喂服或灌服，同时灌服硫酸镁或硫酸钠溶液，使之下泻，必要时辅以强心、兴奋等治疗措施。

硫酸铜是蓝绿色、易溶于水的化合物，在畜禽饲养业的主要用途是作为饲料的一种防霉剂。也可用于家禽真菌病的防治，但对鸽的念珠菌病治疗效果不佳。

（一）诊断要点

1.病因 在饲料中的超量添加或饮水中浓度高及投服时间长，均可引起本病。供饮硫酸铜溶解不全的溶液，也可中毒。

2.症状 因硫酸铜具有对消化道黏膜直接的强烈刺激性和经吸收后对中枢神经、实质器官的损害作用，故急性中毒时表现神志昏迷，走路摇摆，呼吸困难，流涎和腹泻，最后虚脱而死。慢性中毒时，可见患鸽精神呆滞、黄疸与贫血。

3.病变 主要的剖检变化在消化道，其黏膜呈淡蓝绿色，充血、出血、溃烂和肝、肾等实质器官变性。

（二）防治

治疗时，可按每只鸽0.5克氧化镁，加入少许鲜牛奶或蛋白水喂服或灌服，同时每鸽灌1克硫酸镁或硫酸钠配制的溶液，使之下泻，必要时辅以强心、兴奋等治疗措施。

附录

鸽病的快速诊断简明对照表

临床上很多病具有相同的症状，使初学者不易识别。笔者把有类似症状的病列在一起作为一组，再把它们的区别指点出来。使大家抓住一个主要症状或病变在表中加以对照，可以快速得出诊断结果。

1.发生震颤的鸽病

症状	病名	区别点
震颤	鸽Ⅰ型副黏病毒病	拉绿色稀便，腿麻痹，头颈扭曲、转圈等神经症状，全身震颤。
	维生素B_6缺乏症	异常兴奋，盲目奔跑，头颈侧弯或收缩，长骨短粗。头脚抽搐、震颤。
	食盐中毒	频频喝水，盲目前冲，共济失调，头后仰或仰卧后双腿在空中乱蹬。身体水肿、下痢。
	高锰酸钾中毒	呼吸困难，腹泻，口腔及咽喉部黏膜被染成紫红色或深褐色。
	有机氯中毒	口腔黏膜溃疡，角弓反张。
	有机汞中毒	流涎、下痢，共济失调，口腔黏膜充血。
	六鞭原虫病	拉水样或带泡沫的黏液便，迅速脱水。

2.头颈歪斜、扭曲的鸽病

症状	病名	区别点
头颈歪斜扭曲	鸽Ⅰ型副黏病毒	病本病流行后期，常遗留一些头颈扭曲、转圈的慢性病鸽。
	鸽副伤寒	同时有腿和翅的麻痹，拉淡绿色或泡沫状、中心为未消化的饲料的稀便。
	李氏杆菌病	呼吸困难，腹泻。
	维生素A缺乏症	眼睑干涩，或流泪，眼睑内有分泌物，上下眼睑粘合，角膜可溃疡、穿孔。盲目地走动。
	维生素B_1缺乏症	幼鸽头颈后仰，震颤，腿部麻痹。

3.头颈软瘫的鸽病

症状	病名	区别点
头颈软瘫	叶酸缺乏症	软颈病，头向前伸、铺于地上，贫血，极度衰弱。
	肉毒梭菌中毒	头颈部麻痹，但有头颈的震颤。
	维生素B_6缺乏症	头有时向前伸直，但不瘫，扭曲震颤，鸣叫，有异常动作。

4.眼有分泌物的鸽病

症状	病名	区别点
眼睛有分泌物	曲霉菌病	眼内有块状干酪样物，同时肺、气囊膜有粟粒大、黄白色圆盘状结节，结节中心一般呈绿色或黑色。
	霉形体病	眼睛肿胀，眼睑内蓄积干酪样物。气囊膜浑浊、有干酪样渗出物。
	亚利桑那菌病	肝呈斑驳状，淡黄色。
	衣原体病	眼炎多为单侧性的、黄绿色稀粪，内脏有纤维素性渗出物。

5.角弓反张的鸽病

症状	病名	区别点
头向后仰抽风	有机氯中毒	肌肉震颤，口腔黏膜溃疡。
	弓形体病急性病例	眼睛失明，腿翅麻痹，阵发性痉挛。

6.黄疸的鸽病

症状	病名	区别点
黏膜发黄	钩端螺旋体病	拉绿色、黏液性稀便，双腿麻痹，脾脏肿大数倍，呈花斑状。
	禽结核病	顽固性下痢，病程长，进行性消瘦。
	二氧化碳中毒	血液呈樱桃红色。
	慢性有机氯中毒	震颤，心肌和骨骼肌有坏死灶。
	慢性硫酸铜中毒	急性的剧烈腹泻，粪便深绿色，肾脏暗棕色、极度肿胀，脑充血、出血、水肿，变软化。

7.嗉囊胀大的鸽病

症状	病名	区别点
嗉囊胀大	念珠菌病	手摸嗉囔松软，口腔酸臭，黏膜上有乳白色、疏松的假膜。
	嗉囊积食	嗉囊内有大量的饲料。
	嗉囊下垂	嗉囊下垂而且松软，手摸有稀薄略粗糙的食料。
	嗉囊肿瘤	手摸有不滑动的球状物。
	嗉囊炎	病鸽有伸颈动作，嗉囊局部温度升高，手摸时有气体和液体的感觉。
	食盐中毒	渴欲增加，频频喝水，兴奋，肌肉震颤，盲目冲撞，嗉囊有波动感。

8.拉带血粪便的鸽病

症状	病名	区别点
粪便带血	球虫病	粪便中带血丝或拉鲜血粪便。粪便中可查到球虫卵囊。
	带血	腹泻，有时带血。呼吸困难，体温下降。
	蓖麻饼中毒	贫血，血凝不良，支气管内有泡沫，胃、小肠黏膜弥漫性出血点。
	棉子饼中毒	口腔、鼻腔、泄殖腔等也出血。
	砷制剂中毒	胃肠内容物有大蒜味，内脏脂肪变性。
	绿脓杆菌病	头颈歪斜，肝肿大、古铜色，纤维素性腹膜炎和肠炎。

9.拉白色粪便的鸽病

症状	病名	区别点
白色粪便	鸽白痢	白色粪便呈浆糊状，黏稠，雏鸽症状严重，心、肝、肺等脏器有黄白色针尖大小的坏死灶。
	痛风	粪便呈石灰状，肾和输尿管充满白色尿酸盐，关节和其他脏器有时也有白色石灰样物质沉积。
	弓形体病	有角弓反张、头颈扭曲，眼失明。钩端螺旋体病白色粪便呈浆糊状，黏稠，雏鸽症状严重，心、肝、肺等脏器有黄白色针尖大小的坏死灶。
	圆线虫病	粪便呈石灰状，肾和输尿管充满白色尿酸盐，关节和其他脏器有时有白色石灰样物质沉积。

10.拉绿色粪便的鸽病

症状	病名	区别点
拉绿色稀粪便	铜中毒	有角弓反张、头颈扭曲，眼失明。
	鸽副黏病毒病	发病率死亡率较高，胃肠道有特征性出血。流行后期会遗留一部分扭头、转圈的慢性病鸽。
	禽流感	发病率死亡率均很高，胃肠道及全身的出血严重，病鸽震颤等。

11.拉水样稀粪的鸽病

症状	病名	区别点
水样下痢	葡萄球菌病	胸肌、腿肌出血，皮肤上可发生溃烂、红色渗出，有的翅膀或趾尖溃烂、干涸。
	鸽副伤寒	粪便中夹有绿色带泡沫的黏液和未消化的饲料。
	鸽副黏病毒病	初期水样便，中后期以绿色便为主。
	马立克氏病	内脏有肿瘤。
	六鞭原虫病	小肠呈球形膨大，镜检粪便可发现虫体。
	食盐中毒	渴欲增强，嗉囊积水，震颤，兴奋，盲目冲撞。
	棉子饼、亚	以神经症状为主。
	麻饼中毒	

12.关节炎的鸽病

症状	病名	区别点
关节肿大	葡萄球菌病	水样下痢，关节化脓坏死。显微镜检查发现特征的葡萄球菌。
	巴氏杆菌病	只有慢性病鸽遗留关节炎。
	链球菌病	化脓，显微镜检查发现特征的链球菌。
	大肠杆菌病	肝脏、腹膜有纤维素性渗出物，拉黄白稀便。
	鸽副伤寒	肝脏上有坏死灶，拉稀便。
	关节痛风	内脏和关节均有石灰样尿酸盐沉积。

13.长骨短粗、跗关节肿大的鸽病

症状	病名	区别点
长骨短粗和跗关节肿大	烟酸缺乏症	弓形脚，体重轻，口腔、食道有干酪样渗出物。
	生物素缺乏症	主翼羽易折断，皮肤无毛区有化脓性结节和皮炎。
	胆碱缺乏症	胫骨变形、扭曲，跟腱滑脱，关节软骨变形。
	锰缺乏症	跟腱可从踝骨头滑脱，跗跖骨及跗关节部位的胫骨头扭曲，少数病例肝脏色淡。
	叶酸缺乏症	下痢，羽毛生长不良及退色，头颈部麻痹。

14. 脚爪弯曲的鸽病

症状	病名	区别点
脚趾弯曲	维生素B_2缺乏症	脚爪向内弯曲，不能伸开，腹泻，鸽后期瘫痪。
	维生素D缺乏症	软骨、喙和长骨容易弯曲变形，胸肋和背肋接合处内弯，胸骨弯曲，不愿站立。
	甘氨酸缺乏症	脚趾麻痹，弯曲变形，伴有羽毛生长不良。

15. 羽毛生长不良的鸽病

症状	病名	区别点
羽毛生长不良	蛔虫病	羽毛脱落，皮肤粗糙，有鳞片和裂缝，脚上的皮肤呈石灰状。
	鸽螨病	皮肤上可找到疥螨。
	碘缺乏症	羽毛过长，边缘卷成花边状，甲状腺肿大。
	蛋氨酸缺乏症	羽毛生长不良，胆汁生成不足。
	精氨酸缺乏症	羽毛卷曲，松乱。

16. 口腔内有伪膜的鸽病

症状	病名	区别点
口腔伪膜	鸽毛滴虫病	伪膜淡黄色干酪样，直接涂片镜检可见到大量的梨形活虫体。
	念珠菌病	伪膜厚，堆积，乳白色，极易剥离。口腔有酸臭味，嗉囊也有伪膜。
	维生素A缺乏症	眼睑内有干酪物，眼球深陷，可有角膜缺损，眼球干缩，失明。
	泛酸缺乏症	伪膜为脓性坏死物，口角结痂，皮肤角化，上皮脱落，脚皮有裂缝、疣状物或角质层，长骨短粗，脱羽。
	鸽痘	口腔内有痘疹。口内伪膜难剥离，口角、鼻瘤及眼周围均有痘疹。

17.胃出血的鸽病

症状	病名	区别点
腺胃肌胃出血	鸽副黏病毒病	皮下，尤其是颈部皮下淤斑性出血，脑膜出血点等。
	链球菌病	肝内出血，肠壁出血斑，肠内容物变黑。皮下、肌肉、浆膜水肿，龙骨皮下有血样液体。纤维素性心包炎、腹膜炎和肝周炎。慢性的颌骨皮下有脓肿。
	坏死性皮炎	贫血，胸、背、腿、翅尖等部位有暗紫色肿胀、坏死、溃疡，有腐臭气味。
	喹乙醇中毒	两胃交界处有出血带，血液凝固不良，肝脏暗紫，后变成红白相间的外观，或有坏死灶。
	丹毒	全身组织，尤其是肌肉呈淤斑状或弥漫性充血、出血，肝脏肿大、质脆、呈煮熟状，皮肤有大块皮革状条纹。
	李氏杆菌病	肝脏肿大，古铜色，有坏死灶，心肌炎和心包炎，纤维素性腹膜炎和肠炎。
	禽流感	头颈部皮下水肿，腹腔、心包腔有大量易凝固的渗出液。

18.胸腹腔血性积液的鸽病

症状	病名	区别点
胸腹腔有血性积液	维生素K缺乏症	胸腔出血，血液凝固不良，全身肌肉点状或条状出血。
	棉子饼中毒	口腔、鼻腔及泄殖腔出血，拉血样粪便。
	亚麻饼中毒	血液棕红色或淡红色，皮下有暗红色斑。

19.脑膜出血的鸽病

症状	病名	区别点
脑有出血	鸽副黏病毒病	颈部皮下出血，腺胃肌胃有出血斑。
	李氏杆菌病	心包炎，心肌坏死灶，肝坏死。
	脑软化病	大脑有黄绿色区，脑回展平。
	硒缺乏症	脑软化，脑膜有小出血点，皮下有淡绿色渗出。
	铅中毒	肌肉煮熟状苍白，肝脂肪变性，眼球、皮下、气管出血。
	铜中毒	大量流涎，腹泻，粪便呈深绿色。
	痢特灵中毒	颅骨明显出血，脑膜充血。胃肠黏膜出血，肾出血。

20.皮下肌肉出血的鸽病

症状	病名	区别点
皮下肌肉有出血点或斑	磺胺类药物中毒	血稀如水，肝苍白，骨髓变黄，胸腹腔、胃肠道有血液或血块。
	维生素K缺乏症	血液不稀薄，肌肉苍白，骨髓变黄或苍白，消化道、腹腔有血液或血块，可因内脏突然出血而死亡，补充维生素K可迅速见效。
	有机磷中毒	消化道内容物大蒜味，肝肾土黄色。
	维生素C缺乏症	黏膜、关节及内脏器官均有出血，心、肝、肾脂肪变性。
	丹毒	内脏广泛充血、出血，大腿肌肉变性，肝煮熟状。
	葡萄球菌败血症	水样下痢，肝质脆、有出血点及坏死灶。

21.出现结节的鸽病

症状	病名	区别点
不同部位结节	马立克氏病	皮肤上有大小不等的、不断增大的肿瘤样结节。内脏尤其是肝、脾，有肿瘤，与正常组织界限明显。
	结核病	肺、肠壁等脏器长有结节，突出脏器表面，切开结节，中心呈干酪样或钙化。
	伪结核病	结节同结核病，但腹泻严重。
	曲霉菌病	呼吸器官的细小结节，结节中心呈黑色或绿色。
	鸽白痢	心、肝、肺、肠道有粟粒大结节，与周围组织无明显界限。
	黄曲霉毒素中毒	慢性中毒的，在肝有肿瘤样结节。
	绦虫病	小肠有结核样结节，肠内可见绦虫。

22.脏器纤维素性炎症的鸽病

症状	病名	区别点
心包炎、肝周炎、腹膜炎	大肠杆菌病	典型的心包炎、肝周炎、腹膜炎、气囊炎。
	衣原体病	除了上述炎症外，还有一侧性眼炎，水样下痢，脾极度肿大。
	链球菌病	皮下、肌肉和浆膜水肿。肝脂肪变性，龙骨皮下有血样液体。
	李氏杆菌病	肠炎、心肌炎，腺胃有淤斑性出血，肝古铜色肿大。

23.肝呈古铜色肿大的鸽病

症状	病名	区别点
肝脏色暗呈古铜色	鸽白痢	拉浆糊样白便，心、肝有黄白色坏死灶。
	鸽副伤寒	拉水样绿色稀便，外围有气泡，中间为未消化的食料。
	李氏杆菌病	头颈歪斜，腺胃出血，心包炎，局部肝坏死。
	螺旋体病	肝脏花斑样坏死，黄疸，脾肿大数倍，肠炎，拉绿色黏液便。

24.脑部充血、出血、水肿、变软的鸽病

症状	病名	区别点
脑部病变	维生素E缺乏症	脑软化，皮下有淡绿色渗出液。
	霉玉米中毒	脑水肿、脑膜出血，转圈和头颈弯曲等。
	硒中毒	兼有肝萎缩、硬化和坏死。
	铜中毒	兼有大量流涎和拉深绿色稀粪。

25.胚胎畸形的鸽病

症状	病名	区别点
胚胎畸形	锌缺乏症	胚胎无体壁、脊柱、翅膀和腿。
	硒缺乏症	羽毛发育不良，胰腺萎缩和纤维化。
	生物素缺乏症	喙向下弯曲，并趾，胫骨严重变形弯曲。
	维生素B_2缺乏症	躯体短小，关节明显变形，颈部弯曲。
	维生素B_{12}缺乏症	皮肤明显出血，腿肌萎缩，骨短粗。
	锰缺乏症	头部呈球状，腹部突出，骨短粗，嘴弯曲，颈部皮下严重水肿。

26.引起胚胎死亡的鸽病

症状	病名	区别点
胚胎死亡	维生素E缺乏症	胚胎死亡多集中在孵化的第一周和临出雏的头三天。
	生物素缺乏症	同上。
	叶酸缺乏症	小雏破壳后不久死亡。
	维生素B_2缺乏症	在孵化的第二周末死亡增多。
	锰缺乏症	孵化至晚期死亡增多。
	维生素B_{12}缺乏症	同上，并有胚体出血。

鸽的正常生理指标数值

1.鸽每天维生素和氨基酸的需求量（以500克体重的鸽为标准）

种类	数量	种类	数量
维生素A	200单位	泛酸	0.36毫克
维生素D_3	45单位	叶酸	0.014毫克
维生素E	1.0毫克	蛋氨酸	0.09克
维生素C	0.7毫克	赖氨酸	0.18克
维生素B_1	0.1毫克	缬氨酸	0.06克
维生素B_2	1.2毫克	亮氨酸	0.09克
维生素B_6	0.12毫克	异亮氨酸	0.055克
维生素B_{12}	0.24微克	苯丙氨酸	0.09克
尼克酰胺	1.2毫克	色氨酸	0.02克
生物素	0.002毫克		

2.鸽的正常生理指标

<table>
<tr><th>鸽的性别</th><th>体温（℃）</th><th>心跳（次／分钟）</th><th>呼吸（次／分钟）</th><th>红细胞（万／毫米3）</th><th>白细胞（万／毫米3）</th><th>血液量（毫升／100克体重）</th><th>血红蛋（克／100毫升）</th></tr>
<tr><td>雌鸽</td><td rowspan="2">40.5～42.5</td><td rowspan="2">120～180</td><td rowspan="2">30～40</td><td>3.23</td><td>13.05</td><td rowspan="2">8</td><td>15.97</td></tr>
<tr><td>雄鸽</td><td>3.10</td><td>18.55</td><td>4.72</td></tr>
</table>

3.鸽的正常饲养管理指标

项目	差异	指标
体重	轻型品种	250~300克
	信鸽及中型品种	450~500克
	重型品种及肉鸽	1 000克
饮水量（天）	春季	20~30毫升
	夏季	30~40毫升
	秋、冬季	50~60毫升
食料量（天）	占体重的1/10	20~100克
孵化期	不分季节	17~18天

鸽子的保健沙配方

1.红黄泥35%、粗（细）沙17%、贝壳粉（片）25%、石灰石19.5%、木炭末1%、食盐2%、二氧化铁0.5%（广州市信鸽协会）。

2.红黄泥30%、粗（细）沙25%、贝壳粉（片）15%、生石膏5%、熟石灰5%、木炭末5%、骨粉10%、食盐5%（广州鸽场配方）。

3.红黄泥35%、粗（细）沙25%、贝壳粉（片）15%、骨粉5%、木炭末5%、蛋壳粉5%、熟石灰5%、食盐5%（江西鸽场配方）。

4.粗（细）沙60%、贝壳粉（片）31%、骨粉1.4%、生石膏1%、木炭末1.5%、食盐3.3%、明矾0.5%、二氧化铁0.3%、龙胆草0.5%、甘草末0.5%（香港鸽场配方）。

5.红黄泥1%、粗（细）沙35%、贝壳粉（片）40%、骨粉5%、石灰石5%、木炭末10%、食盐4%（美国农业部配方）。